狗狗17歲

老いゆく愛犬と暮らしたかけがえのない日々ワンコ17歳

不管幾歲，你都是全世界最可愛的狗狗！

SAETAKA
（サエタカ）
著・繪
陳聖傑
譯

野人

我家的狗狗
小時候，
一直離不開
狗媽媽的
前腳之間。

夏天時，
因為害怕雷聲，
總是鑽到
桌子底下發抖。

在冬天，則是害怕
雪從屋頂上滑落的聲響，
所以
在我做家事時，
一直待在我的腳邊。

十七歲的狗狗，
雖然已經
聽不到雷聲
或雪滑落的聲響，
但她始終
在我的腳邊。
散步的時候累了

前言

二〇〇四年七月，我在報紙上發現一篇小小的文章，那是與我家狗狗相遇的契機。

「柴犬米克斯，五隻幼犬，歡迎領養」

雖然近期已經很少看到了，但是以前許多想要送養小貓、小狗的人，都會在報紙上的地方版刊登「歡迎領養！」的資訊。我從初春開始就一直尋找與小狗邂逅的機會，在讀到那篇投稿時，內心真是心花怒放。至今，回想起當時的情景時，我仍然忍不住傻笑。

我的前一隻狗狗是在半年前去世的。長期與狗狗生活在一起的奶奶，在狗狗離開後，完全失去了活力。考量到奶奶的年齡，我們決定放棄迎接新的小狗。不過，我跟先生結婚後搬到隔壁城鎮，因此下定決心領養新的狗狗。看到刊登在報紙上的公告後，我立刻和奶奶一起去了投稿者的家，請他讓我們看看小狗狗。

「不好意思，其實剛剛來看小狗的人，把所有小狗狗都接走了。」

那戶人家的太太在玄關處，不好意思地說道。

「所以我們晚了一步嗎？」

「因為小狗們才剛出生，我原本想讓他們再跟狗媽媽多相處一點，但那位客人說無論如何都想要收養……只有這個孩子不肯離開狗媽媽，所以就沒有送給他了。」

那位太太一邊說著，一邊抱來一隻臉上滿溢不安的棕毛小狗狗。這隻小狗確實看起來有些像柴犬，只是鼻尖稍長，垂著一雙三角型的大耳朵，細長的尾巴只有前端是白色的，手腳的白毛則像穿著白色襪子一般。我和奶奶看了彼此一眼，異口同聲地說：

「哇！好可愛！」

「我目前打算把她留在家裡，你們要抱抱看嗎？」聽到對方這麼說，我便抱起那隻軟綿綿的小狗。

據說，狗媽媽當時是十一歲。現在回想起來，飼主應該是真心想把小狗狗留在自己身邊吧！但是，看著小狗露出楚楚可憐的表情，在我的懷裡顫抖，當時我的眼中只有往後的漫長日子裡，與這隻小狗狗一同生活的那閃閃發亮的未來。

「拜託您了！我會好好照顧她的！」

這就是我與小狗狗的初次見面。當時小狗狗才出生一個月左右，於是我們與飼主商量後，決定先讓小狗留在飼主家中生活，直到小狗三個月大時的秋天再來接她。等待約定的時間到來，我與迫不及待的奶奶一起開車去迎接小狗狗。三個月大的小狗狗，比初次見面時長大了一些。她乖乖地坐在副駕駛座上奶奶的膝蓋上，奶奶把臉湊近小狗狗的額頭，看起來很高興。

「呵呵，是狗狗的味道，好可愛呀！」

小狗狗很快就喜歡上了奶奶。

到家後，小狗狗在屋裡緩慢地走來走去，看起來非常膽小，表情可憐兮兮的。這時，爸爸回來了，那天是爸爸與小狗狗的初次見面。

小狗狗「咚咚咚咚」地直奔向玄關處的爸爸。爸爸出乎意料地受小狗狗愛戴，嚇了我一跳。

「哇！好可愛！還搖著尾巴！初次見面，請多多指教！」

小狗狗也很快就喜歡上了爸爸。

在那之後，我們一起生活了十七年以上，不過，回想起那天的情景，至今還是覺得很不可思議。在小狗狗長大後我們才知道，其實她最怕坐車了，搭車時總是哆哆嗦嗦地發抖，哭鬧個不停，帶著她開車兜風總是得費盡千辛萬苦。只有坐在奶奶膝上的那一天，是她唯一一次老老實實地待在車上。

此外，小狗狗從不親近家人以外的人，

就連對平常寄送貨物的快遞，也毫不留情地吠叫，讓附近住戶十分困擾。然而，小狗狗第一次也是最後一次對出現在玄關的陌生人搖尾巴，對象就是爸爸。

小狗狗才出生三個月，為什麼馬上就能理解我們是她的家人呢？

在那之後，小狗狗一直很喜歡我們一家人。過了一年，長大一歲，過了三年，長大三歲，即便過了五年，過了十年……依然如此。

我家的小狗狗並沒有什麼特別的地方，是非常普通的「歷史悠久而品種優良的日本混種狗」。她既膽小、任性又傲嬌，總是故意不肯「握手」和「趴下」（明明聽得懂）。小狗狗很少主動黏人，而是喜歡待在遠一點的地方，看著家人們的日常生活。她最喜歡和家人一起，度過平淡

無奇的普通日子。

隨著小狗狗漸漸上了年紀，我在推特（Twitter，現已更名為X。）上寫下我們的日常生活，出乎意料地收到許多人的反響，就這樣寫成了一本書。當她還是小狗狗時，雖然很難照料，卻也非常可愛。而過了十五歲後，她已變成老狗狗，身體無法再像以前那樣自由活動，照護也更加困難。雖然照顧她總是很辛苦，但是，她一直都是最可愛的狗狗。

SAETAKA（十七歲狗狗的飼主）

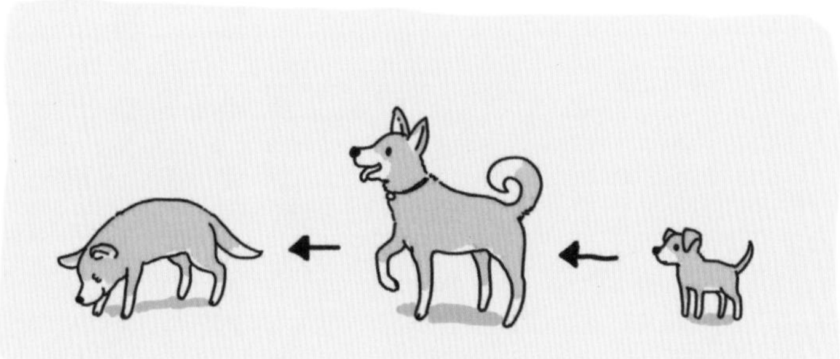

登場人（犬）物
我們家住在山上。
媽媽(我)
天生
無憂無慮
狗狗
名字:栗子(女生)
因為毛髮
顏色像栗子
膽小、任性
又傲嬌。
喜歡和家人
一起度過
平凡的每一天。
爸爸
個性怕生
女兒
附近的狗狗們
住在隔壁鎮的
奶奶
前一隻狗狗
(小白)
狗狗的年齡(換算成人類年齡)
狗狗15歲 → 人類76歲
16歲 → 80歲
17歲 → 84歲

CONTENTS

第 1 章
狗狗 15 歲

第 2 章
狗狗 16 歲

✤第 3 章✤

狗狗 17 歲

✤第 4 章✤

狗狗 17 歲 山櫻花盛開的時節

我們家狗狗的小檔案
0歲
生於2004年6月30日。
出生3個月後，
成為我們的家人
剛出生時
是垂耳
1歲
自己一個人睡不好，
所以總是
跟家人一起睡
2歲
汪
汪!
等一下一!!
3歲
逃跑過好幾次
4歲
帶她一起去露營，
結果她一刻也不肯
離開家人
這是哪裡?
5歲
6歲
看家的時候，
把榻榻米挖開
一個洞
開一個洞
不是我

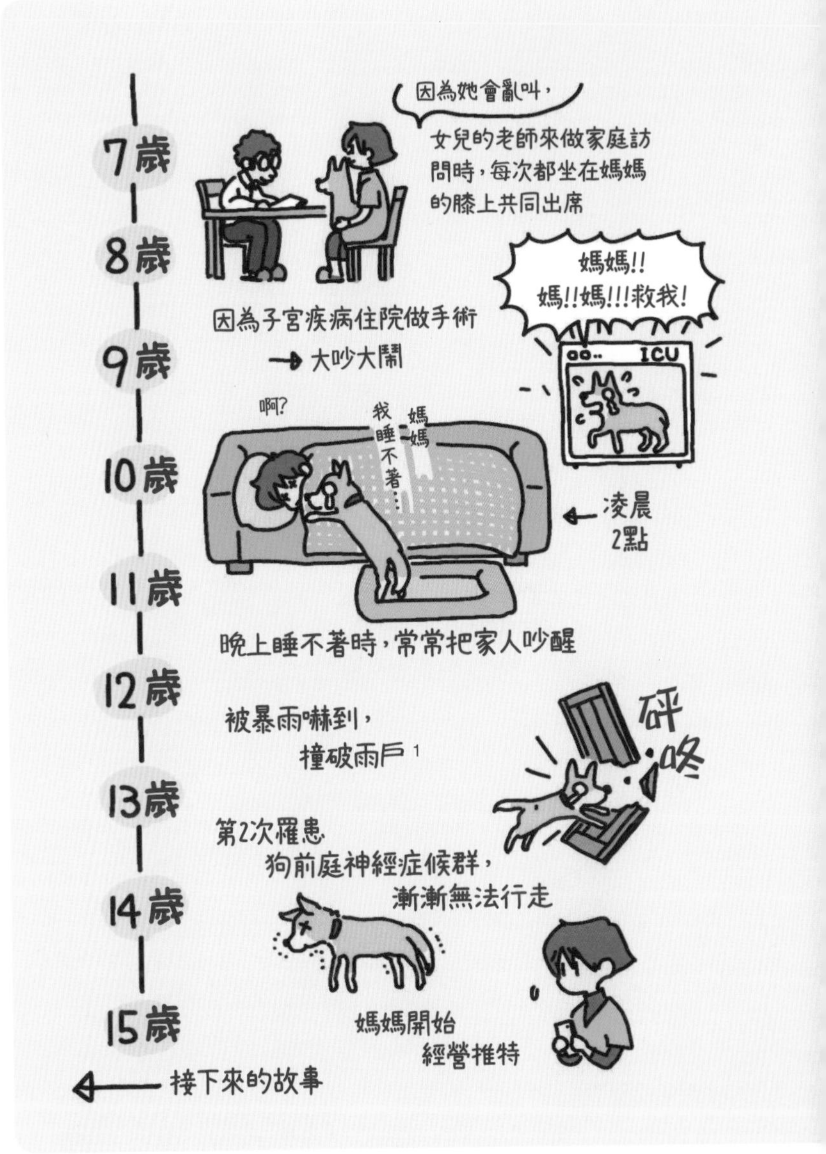
7歲
因為她會亂叫，
女兒的老師來做家庭訪問時，每次都坐在媽媽的膝上共同出席
8歲
媽媽!!
媽!!媽!!!救我!
ICU
因為子宮疾病住院做手術
→大吵大鬧
9歲
啊?
我睡不著…
媽媽
10歲
←凌晨2點
11歲
晚上睡不著時，常常把家人吵醒
12歲
被暴雨嚇到，
撞破雨戶1
砰咚
13歲
第2次罹患
狗前庭神經症候群，
漸漸無法行走
14歲
15歲
媽媽開始
經營推特
←接下來的故事

1 雨戶是傳統日式建築在颱風時遮擋緣側玻璃窗戶用的木板。

第 1 章

狗狗 15 歲

開始經營推特的契機

爲了讓狗狗安心，我們必須堅強起來……

我在狗狗十五歲時開始經營推特，契機是在推特上偶然發現了「#祕密結社老犬俱樂部」這個主題標籤，於是也想嘗試以這個主題創作。

這個主題標籤集結了許多關於老狗的貼文。雖然跟老狗一起生活很辛苦，但是飼主們依然十分努力。因此，即使只是家中狗狗與我們家狗狗同齡的飼主，上傳了「狗狗今天也很有精神地散了步。」這樣的貼文，都能讓我充滿勇氣。

其實，從漸漸接受小狗狗變成老狗狗的事實，到開始經營推特，我花了很長的一段時間。而在那之前，我一直真心抱持著「我們家的狗狗永遠都很健康！」的想法。

因為我經常在家用電腦工作，所以我和狗狗總是一起待在家裡。狗狗的位置在離我的辦公桌稍微遠一點的地方，從那個位置可以看到我的工作區，以及玄關的全貌。在我去吃飯時，狗狗也會若無其事地起身，走到飯桌附近的窗邊看看庭院，而當我回到辦公桌前，狗狗也回到了老地方。一到散步的時間，狗狗就會躁動起來，並向我投射熱切期待的目光。

我們總是像往常一般前往河堤邊散步，回家後就吃飯。當爸爸返家時，狗狗便會傾注全身的力氣表現得欣喜若狂。到了晚上，她就睡在我們旁邊，因此我們總是可以聽到彼此的呼吸聲。

我們和狗狗這段美好而平淡的日子，就這樣一天天地過去了。而我總覺得，這種日常會一直持續下去。

狗狗在年輕的時候曾經受過傷，也曾因病住院。但是沒過一會兒，她又會像從前一樣精力充沛地跑來跑去。當時我毫無懷疑地相信著：「我家的狗狗一定很健康！」

人類既脆弱又聰明，因此總是杞人憂天，也懂得預想可能發生的事，並做好

心理準備。不過，我卻完全無法想像狗狗的未來。狗狗在十四歲時，罹患了狗前庭神經症候群[1]，而這是第二次了。她很討厭去醫院，因此當時沒有讓她住院，而是在家中療養。看到狗狗連續幾天反覆嘔吐和腹瀉，走路搖搖晃晃的，並沒有像從前一樣馬上恢復時，我也愈來愈擔心。

再這樣下去，狗狗可能再也不能行走了。

我愈是這麼想，就愈確定自己不得不接受狗狗漸漸老去的現實。但是，我的內心深處卻極力地抗拒。

沒關係，狗狗一定很快就會變得像往常一樣活力充沛的！

在很久以後我才意識到，當時最了解我感受的大概就是狗狗了。狗狗拚命表現得「如同往常一般」，雖然走路左搖右晃，依然不曾拒絕我的散步邀請，也努力地吃飯，受到稱讚後，她便露出高興的表情，然後回到老地方看著我工作，並幸福地打起瞌睡。狗狗的模樣，既堅強又讓人心疼。

總有一天，狗狗會早我一步先前往天堂。

我終於能開始面對狗狗漸漸老去，不過，我依然沒有自信接受在不久的將來，必須與狗狗分別的事實。再這樣下去，我可能會追隨狗狗的腳步離去。為了讓狗狗能安心，我必須變得更堅強。而當時，我在社群媒體上看到「＃祕密結社老犬俱樂部」的主題標籤。

我心想，為什麼是「祕密結社」？是哪裡的俱樂部活動嗎？不過，這其實是集結了推特上全國的老犬與陪伴他們的飼主們的貼文。從貼文中可以感受到，大家都愛著老犬，老犬也愛著他們的主人。照顧老犬從來都不是一件輕鬆的事情，因此，讀著大家盡最大的努力照顧老犬的貼文，我的心頭不禁湧起一股暖流。

我也試著發文看看吧！一定可以留下一些回憶的。

1 老犬常見的神經疾病之一。症狀包括：頭部歪斜、走路不穩、流口水、嘔吐、斜視或眼球震顫等，類似中風症狀。

就這樣，我開始在推特上分享與狗狗的生活。而當時的我完全沒想到，隨著發文次數變多，我的推特會逐漸成為量產「好可愛♡」留言的地方。

老狗狗的引擎

老狗狗的引擎常常發不動

我們總是在下午四點半進行傍晚的散步。

狗狗從小就跟我一樣很喜歡散步。爸爸說，下班回家的路上經常看到我們洋溢著笑容，在河堤邊奔跑。狗狗在十四歲時罹患「狗前庭神經症候群」之後便行動困難，走路變得搖搖晃晃，但我們還是每天在同樣的時間一起出門散步。

當我開始準備出門時，十五歲的老狗狗也笑容滿溢。與年輕時不同，她不再搖尾巴，也不會跳來跳去，用全身表現自己的喜悅，而是盯著我的臉看，眼神閃閃發光。而且，她會矜持地稍微用身體蹭過來，這是只有飼主才知道的，老狗狗

開心的信號，而我也喜歡這樣的老狗狗♡。

就這樣，老狗狗興致勃勃地如往常一般朝著河堤走去。不過，老狗狗的引擎常常發不動，她時常一動也不動地望著河堤，有時候一望就是十多分鐘。即使好不容易打起精神走動起來，引擎也會馬上就熄火。

「加油！」每當我邊鼓勵她邊撫摸她的後背，她就會重新前進。但走了幾公尺後，引擎再次熄火，所以我又得再次撫摸她的後背。就這樣，一趟散步暫停了好幾次，我也摸了她的背好幾次，這就是十五歲的老狗狗散步的情況。

在生病前，狗狗總是吵吵鬧鬧地出門，欣喜若狂地跑來跑去，「嘩啦嘩啦」地排泄完後，又匆匆忙忙地回家。從前，這種日常日復一日、毫無變化地持續著。但是自從老狗狗生病之後，她養成了優雅的散步習慣，而且每天不斷地演變。最初，老狗狗會在散步時不停轉圈，而過了十六歲之後，旋轉的力道日漸增強，就像是開心地訴說著「看我！」般轉來轉去。漸漸地，老狗狗開始在我的腳邊來回繞圈，就像是在確認主人的位置一樣，而我也學會了華麗地配合她轉動牽

繩。也許是因為老狗狗的眼睛看不清，耳朵也聽不見的關係，她似乎很喜歡活用嗅覺來閱讀「狗狗信」（附近狗狗的氣味標記）。她經常一動也不動，花很長的一段時間仔細閱讀信件內容。即使只散步了二十公尺就回家，老狗狗也會在玄關露出滿足的表情。

生病後不久，十五歲半的老狗狗還能走上和生病前相同的距離。但是後來，狗狗行走的距離和速度逐漸下降，散步方式也演變成優雅且紮實地一步一步踩在泥土上。

無論是什麼時期，散步時的狗狗都十分開心，而我大概也是如此。

與十五歲的狗狗
一起散步十分鐘後
二十分鐘後
繞圈圈
繞圈圈
散步結束
完成！

第 2 章

狗狗16歲

狗狗總是觀察著大家

和人類一起生活的狗狗們，其實什麼都懂

有一天早上，我和狗狗出門散步沒多久，口袋裡的手機突然響了，是爸爸打來的。他說突然覺得身體不舒服，想去醫院。

那天狗狗的狀態很好，爬了許多步道，但是現在必須趕緊回家，老狗狗又跑不動，該怎麼辦才好？於是我慢慢地改變方向，開始沿著山路往下走，但是……

天啊！狗狗竟然開始快步行走！

十六歲的狗狗因為雙腿無力，已經很難蹬地奔跑了，因此她只能盡力加快四肢的節奏，拚命地走著。但是，狗狗怎麼知道現在的情況很緊急呢？

我嘗試放慢速度，並且對狗狗說：「要是摔倒就麻煩了，不用著急啦！」但

是回到家為止，她都持續快步地走著。

幸運的是，爸爸很快就前往醫院，也確認沒有大礙。而狗狗則一直在籠子裡焦急地等待著，直到爸爸回到家摸摸她。

據說，和人類一起生活的狗狗們，即便不會說話，也懂得許多事情。即使變成老狗狗，眼睛和耳朵也都不太靈敏了，他們也總是觀察著家人們。

因為工作的關係，我有時會忙到深夜才睡。但是不管多晚，當我就寢時，狗狗總是會為了我醒來。而我不會對她說晚安，只是輕輕地撫摸她一會兒。狗狗確認我上床之後，才會再次進入夢鄉。

有天晚上我做了一個夢，夢見自己和狗狗在河堤上全力奔跑。雖然是很開心的夢，但我卻突然醒了過來。儘管當時已是深夜，當我前去查看狗狗的情況時，卻發現她因為我醒來了。

我輕輕地撫摸了狗狗一陣子，因為再也無法像夢裡一樣和狗狗一起奔跑而悲從中來。但是，十六歲的狗狗完全沒有思考那麼多，只是開心地享受摸摸之後，

再度入睡。

和狗狗一起生活，我感到很幸福。

突然在
夜裡醒來了。
夢見和狗狗
一起在河堤上
全力奔跑，

雖然十六歲的狗狗
已經無法奔跑，

但是可以跟
狗狗一起生活，
很幸福。

重要的家人

「家裡是不是發生了什麼變化？」

狗狗超過十六歲之後睡得愈來愈多，而我們一家人看著她熟睡的臉龐，總會感到很療癒♡。

當我像往常一樣觀察著狗狗時，突然發現她的手腳上有類似抓痕的傷口，傷口處的狗毛有些脫落及泛紅。我心想：怎麼會這樣？並且決定之後多加留意，但是隨後卻發現傷口慢慢增加，當時我猜想，會不會是隨著年紀增長，毛髮也會跟著掉落？直到有一天，我看見狗狗正在啃咬自己的前腳。

雖然我馬上出聲阻止狗狗，但是她似乎沒有聽到，也沒有任何反應。我撫摸她的背，持續幫她按摩，於是她昏昏沉沉地睡著了。

在那之後，我們開始注意狗狗的情況，但狗狗還是時不時啃咬自己的腳。我嘗試幫她戴上小狗狗時期為她買的伊莉莎白頸圈[1]，但是她戴上頸圈之後便低著頭不動，也不能喝水，因此讓她一直戴著似乎有點勉強。該怎麼辦才好？

狗狗看起來沒有受傷，也沒有皮膚病。我握起她的前腳思考了一番，突然想起從前的事。我記得，以前也曾經在狗狗身上看過這傷痕累累的前腳。

狗狗一歲半時，雪白的前腳也曾布滿傷痕，毛髮脫落，傷口幾乎要滲出血來。那時的狗狗已經長到與成犬相同的體型，身體十分健康，沒有任何異常，因此我想一定是過敏，或是散步時誤觸某種植物，於是帶她前往醫院。

從小為狗狗看病的獸醫，看了檢查結果和狗狗前腳的情況，並仔細觀察狗狗的臉。

1 貓狗等動物穿戴的保護性醫療用具，用來防止啃咬或舔舐傷口。

「這是壓力造成的，這孩子自己把前腳咬出血了。」

「什麼？……自己咬的？」

醫生的診斷結果出乎我意料。因為我和狗狗每天都會去散步，而且她的食慾旺盛，總是吃得很多，最重要的是，才一歲半、精力充沛的小狗狗，會有壓力嗎？

「你們家裡是不是發生了什麼變化？」

被醫生這麼一問，我才恍然大悟。其實當時，我們的小孩剛出生不久。

狗狗自小以來既膽小、任性又傲嬌，床上的棉被被弄歪了，她就會生氣得狂吠，吃飯或散步的時間稍微晚了一點，就會大吵大鬧，還常常因為晚上寂寞得睡不著覺，而把我們全都吵醒。這樣的狗狗，這一次為什麼一直默默忍耐呢？

因為我們是第一次照顧嬰兒，那時每天的生活都十分忙碌，一切都以孩子為

中心。我們完全沒有注意到，狗狗在我們看不到的地方，啃咬著自己的腳，咬到前腳遍布傷痕、滲出血來……

「對不起，對不起，對不起……」

我緊緊地抱著狗狗，向她道歉。你也是我們重要的家人……

在女兒出生之前，我們一直把狗狗當成親生孩子般疼愛，經常陪她玩耍、撫摸她，在她哭鬧無法入睡時，陪伴她睡去。最重要的是，我們總是跟她說很多話。但是現在，我們因為照顧女兒而分身乏術，在不知不覺之間，漸漸忽略了狗狗的感受。

獸醫開了一種用來清洗狗狗四肢的處方洗毛精給我們。至此之後，我和爸爸便輪流幫寶寶洗澡以及幫狗狗清洗四肢；跟寶寶說話後，也會和狗狗聊天。雖然只是一個小改變，但是，自從我們將照顧寶寶和狗狗同時放在心上之後，狗狗的腳也逐漸恢復健康，長出潔白的毛髮。

難道，這一次也是壓力造成的？

看著十六歲狗狗前腳上的傷，我想起十五年前的往事，卻想不出這一次造成壓力的原因。而且，如果有任何疼痛或是不舒服的地方，狗狗總會嚎叫、哭鬧來吸引我們注意，因此，我猜想應該是其他原因導致的。

雖然最終還是沒有弄清楚原因，但是我們每次看到她啃咬前腳時，都會對她說說話、摸摸她和抱抱她，或是帶她到外面轉換心情。

漸漸地，狗狗啃咬前腳的次數逐漸減少，前腳也恢復到從前漂亮的狀態。

事後回想起來，原因大概是她在十六歲時，眼睛和耳朵都不再靈敏的關係。不知道是不是因為感官退化了，世界變得一片模糊，因此感到孤獨呢？這對害怕寂寞的狗狗來說，應該非常的痛苦和悲傷。

雖然無法確定這是不是壓力的來源，不過我和爸爸以此為契機，開始輪流撫摸她，讓她確定家人一直待在身邊而感到安心。從那之後，狗狗的表情明顯地發

生了變化，我想這個就是最好的證明。

令人不敢相信的是，狗狗因此變得更加可愛了！真的喔。

✤ 狗狗與女兒

狗狗一歲半的時候，我女兒出生了。

雖然當時狗狗的身體已經長大，不過那個時期她還是一隻愛撒嬌的小狗狗。但是，狗狗絕對不會因爲吃醋而攻擊女兒，也不會搶奪女兒的食物，似乎對女兒十分小心，總是在隔著一點距離的地方觀察她。每當女兒睡著時，狗狗就會走近並觀察她的臉。

對狗狗來說，女兒是重要的「妹妹」，而對身爲獨生女的女兒來說，狗狗也是重要的家人。兩人只有一歲半的差距，一起慢慢地成長。在我們的家庭相簿裡，收藏著許多狗狗和女兒並肩大笑的照片。

COLUMN

在狗狗十六歲時，女兒為了方便通勤上學而搬出家裡。狗狗總是在她久違地回到家時，用鼻子湊近她，確認她過得好不好，一副很開心的樣子。

狗狗的年紀漸漸增長，生活上開始需要各式各樣的照顧，但不可思議的是，狗狗從來不會對女兒做出任性妄為的事，即便尿布濕了，或是想要翻身，在女兒的面前也總是忍住不叫。

直到最後，狗狗都是女兒稱職的「姊姊」。

好厲害，好厲害！

冷靜下來想一想，其實狗狗只是叫了幾聲而已

在狗狗十六歲又兩個月時，我在推特上發布了這篇貼文：

「狗狗現在幾乎不吠叫了，但是今天她注意到有客人來，竟然叫了幾聲！『汪！汪！汪！』光是叫這幾聲就讓家人十分開心，大家一起摸摸她，還給她起司吃。這隻十六歲的老狗狗心滿意足之後，就在客人面前大爆睡。」

冷靜下來想一想，狗狗也只是叫了幾聲而已。但是，對於有老狗狗的家庭來說，這可是一大新聞！

小時候的狗狗，是一隻非常優秀的看門狗。每當陌生人來到我們家，她就會

一溜煙地跑到門口，在門前大聲吠叫。當我抱起她時，她雖然會平靜下來；但一將她放下，她又開始不停吠叫。大家拿她沒轍，因此總是由我抱著狗狗，在玄關迎接客人。女兒學校的老師來做家庭訪問時，因為擔心狗狗吵鬧而聽不清楚對話，也是由我抱著狗狗跟老師對談，而狗狗則坐在我的膝蓋上，聽老師說話。

上了年紀的狗狗幾乎不吠叫，也沒力氣衝到門口去了。不知道她是沒有注意到客人來了，還是已經不太在意了？再也看不到狗狗健康時的正常模樣，我的心裡多少有些不安和寂寞。

而正因為如此，當狗狗完成了某一件再理所當然不過的事情時，就會成為家中的大新聞。「今天吃了很多飯」、「今天喝水時沒有把水灑出來」、「散步時看起來很開心」等等，或是在一天的最後「今天跟狗狗四目相交了！」即便只是這些小事，我也會高興得拍下很多照片，與家人分享跟炫耀，甚至是畫成漫畫發布到推特上。

狗狗無法做到的事情日漸增加，需要照顧的時間也愈來愈長。雖然很辛苦，

但當她獨自完成了某件事的時候，我們總是感到很開心，想與家人分享，一整天都很興奮，並不斷地稱讚狗狗：「好厲害！好厲害！」

狗狗真的好棒♡。

而且，今天也很可愛♡。

十六歲的狗狗
總是低著頭，
所以
我們的視線
很少交會。

因此⋯⋯

喂！
光是她與我四目相交，
就足以成為我家的
大新聞。
好久沒對上眼了
好可愛
哇

還可以說「再見」的日子

還能「再」見，這並不是最後一次

那天從早上就開始下雨，我在工作前先去查看狗狗的情況，十六歲三個月大的狗狗靜靜地躺在床上發出鼾聲。我坐在旁邊的沙發，一邊聽著狗狗的呼吸聲，一邊從口袋拿出手機瀏覽推特，看到一則貼文，內容是我一直追蹤支持的老狗狗去世的消息，他與我們家的狗狗年紀相同。

手機裡悲傷的消息讓我不禁預想，總有一天，我將再也聽不見身邊狗狗傳來的呼吸聲。這種不安，突然變成了一種帶有現實色彩、沉重又痛苦的感覺，使我再也無法繼續閱讀推特上的文字。

我不斷思考著，該如何接受這遲早會到來的離別呢？自從我開始在推特上分

享與狗狗的日常生活以來已經過了半年，看到同樣努力生活的老狗和主人們，我獲得了繼續努力的勇氣，但也同時了解到失去愛犬的主人悲痛的心情。

在閱讀「#祕密結社老犬俱樂部」的貼文時，我發現許多人將愛犬的離去形容為「度過彩虹橋」，想像愛犬們奔跑上七色的彩虹橋，而主人們則目送著他們說著「再見」。

一開始，我覺得使用「再見」這個詞有點奇怪，彷彿是在車站跟一起出遊的朋友道別一樣。但是，半年來閱讀了許多推特上的貼文之後，我開始意識到「再見」這個詞，包含了「下次再見」和「下次再一起散步」的意思。

而我也意識到，「再」這個詞意味著「並不是最後一次」，這個詞語對飼主和老狗來說都十分溫柔。因此我開始思考，在未來的某一天，自己是否也能說出「再見」這句話。

「萬一狗狗就這樣離去，我該怎麼辦？」

心中突然冒出一句連自己都沒有想過的話，我的眼淚潸然落下，看著狗狗的睡臉，心中想著：不要丟下我離開……

不過，意識到自己抱有這樣的想法，一定無法讓狗狗安心離去，因此我必須變得更堅強。我擦乾眼淚，下定了決心。決心是下了，可是……

當時的我仍然相信著，在未來的某一天，我會擁有一顆堅強的心，能夠好好地與狗狗道別。

在社群網站上
看到有關
老狗狗的貼文
嘶—
嘶—
哭個不停的
主人……
嘶
以及相較之下，
完全不在意，
嘶—
嘶—
呼呼大睡
的狗狗。

尿尿萬歲

我家狗狗以前一直都是在室外上廁所！

（擷取自狗狗十六歲四個月的秋天時推特上的貼文）

晚上十一點二十分，我們發現當時還沒開始使用尿布的狗狗，在籠子裡尿尿了。籠子裡濕透了，全家亂成一團！

晚上十一點三十四分，我們先把狗狗從籠子裡抱出來，幫她擦拭屁股……然後，她又尿了出來，全家再次亂成一團！

晚上十一點五十分，籠子、廁所、床和毛巾全部都被尿了一遍，留下一臉茫然、老實等待的狗狗，和手忙腳亂卻不知為何笑個不停的我們一家人。

晚上十一點五十五分，全部打掃乾淨，換好棉被與床單，家人們也各自鋪好床，大家一起就寢。

狗狗從十六歲開始經常尿床，由於她住在室內，這對我們來說是相當大的麻煩。當狗狗尿床時，即使是半夜，我們也必須為她更換床單及毛巾，嚴重的時候還需要幫她洗澡。我曾經想過讓她穿尿布，但總是無法下定決心。因此，儘管很辛苦，我們一家人還是齊心協力地努力著。把狗狗擦拭乾淨的爸爸；更換並清洗床單的我；重新將尿墊鋪好的女兒，大家並沒有事先說好，只是時不時看一眼那一臉茫然地在一旁等待的狗狗，一邊笑著完成工作。

看著因為籠子變乾淨，鬆了一口氣而睡著的狗狗，我們一家人都感到十分幸福。

雖然這個場景有如模範家庭生活中的一幕，不過我想大家內心一定都感到很疲憊，覺得「好麻煩」。

但是，當時的景象真是讓我看傻了眼，忍不住笑了出來。看著狗狗一動也不動地在手忙腳亂的家人身邊等待著，我們自然地露出了笑容。我當時是這樣想的：「真是拿她沒轍，必須整理乾淨才行啊！」

我想，狗狗或許也希望盡力配合家人的作息。我們試著計算好時間再帶她出門，結果狗狗就成功地在院子裡尿尿了。家人們開心地稱讚狗狗「真是太聰明了！」多虧狗狗的配合，我們一家人變成了能夠掌握尿尿排程的專業看護人員。

即便如此，還是會有趕不上的時候，但這也無可厚非。有一次，我匆忙地回家查看狗狗的情況時，發現她好好地尿在尿盤的正中央。狗狗年輕時，有一段時間我們曾試過教導她在尿盤上尿尿，但是她十分排斥。而長期在外面解決大小便的狗狗，如今居然可以在尿盤的！正中央！完美地小便！

於是，我們一家像獅子王的場景般大力稱讚狗狗，家中掀起了一陣「讚美」的風暴。

照護老狗狗的日常生活，每一件理所當然的事都讓我感動不已。（雖然睡眠不足的家人們常常睡過頭。）

這一天，我們
拜託狗狗看家，
但回家時
有點晚了。
我馬上去看了
狗狗的狀況。
太好了！
你一直乖乖地
睡著覺呀

尿在尿盤的
正中央
?
了不起!!
天才!!

可愛之謎

我們家的對話裡，有八成五都是「好可愛」

我想說的是，我家的狗狗真的很可愛。

狗狗上了年紀之後，我感覺自己對狗狗說「好可愛」的次數增加了。如果一個人說的話，全部變成了有形的對話框掉在地上，我覺得掉落在我們家地上的對話框裡，有八成五都是「好可愛」。我的腳邊將充斥著「好可愛」，連站著的空間都沒有。

我們一家人都很喜歡狗，認為自己家的狗狗比其他狗更可愛也不足為奇。但是，即便狗狗變成了老狗狗，整天持續身心疲憊地睡著覺，我們心中「好可愛」的想法卻日漸強烈，這是真的。

現在狗狗的耳朵不再靈敏，呼喚她時她不會奔跑過來，無論做什麼也都不再高興地搖尾巴，即使出去散步時也是一動也不動，無法獨自吃飯和上廁所，需要有人照護。即便如此，我依然覺得她好可愛。如果有法律規定在富士山以外的地方說「可愛」會受到懲罰的話，我一定會爬上富士山，然後在日本第一高的山頂上說：「狗狗好可愛愛愛愛愛愛愛——！」

我們家的老狗狗，可愛到讓我有點瘋狂的程度。實際上，我問過和老狗狗一起生活的人，很多人都說「老狗有特別的可愛之處」，而「特別的可愛之處」是什麼呢？和老狗一起生活的我，也認真地思索著這一件事。這種可愛到底是什麼？全世界的聰明科學家和研究家當中，一定也有愛狗的人，他們不可能沒有注意到老狗狗的可愛之謎。這其中一定有著某個「老狗狗方程式」！

先不談科學家的研究，我在與老狗的生活中還注意到了一些事情。狗狗的眼睛看不見、耳朵聽不見，肌力也漸漸衰退，無法做到的事情逐漸增加，但是，只有狗狗身體裡閃閃發光的「好喜歡」的情緒沒有任何改變，而是深深地烙印在她

的眼睛深處，此外，狗狗為家人著想的心情也沒有任何改變。

即使狗狗到了幾乎無法動彈的晚年，我也能從她的體溫和呼吸中確定這一點。雖然我們雙方都有許多辛苦的經歷，但撫摸著狗狗的後背，感受到她後背的僵硬感逐漸緩和，狗狗感到安心了，而我們一家人也感到十分幸福。此時，這句話就會從內心深處滲透出來：

「好可愛……」

雖然聽起來有點自戀，但我想說的是：「我家狗狗很可愛」，這一點是毋庸置疑的。

如果一個人說的話，
全部變成對話框，
掉落在地上……
好可愛♡
真的好可愛♡
可愛死了
好・可・愛～♡
好可愛♡
可愛到受不了

掉在我們家地上的對話框，
大概有八成五都是「好可愛」。
超級超級可愛♡
真是可愛死了♡♡♡
超可愛
散步
要吃飯嗎?
真的好可愛
啊啊啊啊好可愛♡
真的
比昨天更可愛♡
又乖又可愛♡
尤其最近
為什麼那麼可愛?
好可愛唷～♡
真可愛

我說「可愛」的次數，
簡直多到要滿出來了……
咦!?
滿出來
可愛愛愛
可愛♡♡
愛你
好可愛

老狗狗的一天

摸摸就像是我與狗狗的共通語言

老狗狗的日程安排十分講究。因為她總是喜歡在固定的時間做相同的事，因此在上了年紀之後，狗狗的每一天變得很有規律，按表操課。

早上六點，狗狗鬧鐘就會響起。

「咕——嗚，咕——嗚」

因為我們一家人經常熬夜，早上時總想再多睡一會兒，但卻被狗狗毫不留情地叫醒。狗狗的耳朵聽不見之後，即使我們出聲回應，她還是會繼續哭鬧，所以我們會用手撫摸狗狗的後背，而狗狗知道我們在附近後，便會停止哭鬧，一直等

到我做好早晨散步的準備。摸摸就像是我與狗狗的對話。

隨著狗狗的年齡增長，早晚的散步變得不可或缺。但是狗狗能走動的時間漸漸變短，於是我在中午時會把她送到庭院，狗狗開始能在庭院裡小便，也養成了中午時在庭院裡繞來繞去的習慣。雖然狗狗已經走不了多遠，也跑不動了，但是當她用鼻尖感受著周圍的風，聞著泥土和青草的味道時，眼睛就閃閃發光，我也能感覺到她十分享受。

不需要太多走動的散步，讓我多了很多空閒時間可以幻想。當狗狗慢慢坐下來不動時，我就會想像，狗狗現在正開始向森林裡的精靈們布道，並且隨心所欲地幻想著人類看不見的精靈包圍著狗狗的畫面，樂在其中。對於經常在辦公桌前工作的我來說，一天三次的超慢速散步，是非常寶貴的時間。

狗狗變老之後，還多了幾個新的習慣，其中之一，就是摸索終極的睡覺姿勢。大概是因為狗狗開始變瘦之後，睡覺姿勢不好的話身體就會疼痛的關係，睡前狗狗總會在籠子裡走來走去，反覆地坐下又站起來，看不下去的家人們會幫忙

移動床和毛巾的位置，但狗狗經常花上一個小時都無法決定睡覺的姿勢，最後筋疲力竭，而此時我則會摸摸她來安撫她。

幾乎一整天都在睡覺，不再吠叫的狗狗，只有在晚餐前會拚命地叫。（狗狗：那是因為媽媽好幾次都忘記餵我吃飯！）（媽媽：晚餐前的家庭主婦總是特別忙碌，真是對不起。）

老狗狗一叫，簡直像個男高音歌手。和年輕時不同，她現在的聲音是從腹部發聲。一聽到男高音的歌聲，我便會慌忙地為她準備晚餐。

回想起來，我經常撫摸著狗狗的背。我家的狗狗是長得像柴犬的米克斯，不太喜歡被人觸碰。但我們彼此都明白，在她的眼睛和耳朵不再靈敏後，這是我們唯一的溝通方法。在狗狗不安、高興或生氣時，我都會摸摸她的背，摸著摸著，不管是狗狗或我，都會漸漸平靜下來。

嗯？你是不是對於老狗狗一天的時間表中，從晚上十點半開始的「Golden Time」感到好奇？關於這件事，無法用三言兩語說明，因此留待之後再慢慢地分

狗狗上了
年紀之後，
眼屎也變多了。
早晨散步過後，
我都會
幫她擦臉⋯
但不知道為什麼，
狗狗會慢慢地
靠近我，
最後⋯
就親下去了♡
每天都想
幫她擦臉♡

享。但是有一點可以透露，那就是狗狗半夜不肯睡覺，我們則為了讓她乖乖睡覺而折騰，這就是我們一家熬夜的原因。

老狗狗的一天
6:00 起床+摸摸
6:30 早晨散步、擦擦臉
7:00 早餐，灑出很多飼料
8:00 睡覺，時不時被摸摸
起床
咕嗚
12:00 中午散步，在庭院裡面繞來繞去
12:30 點心
13:00 動來動去，摸索終極的睡覺姿勢，被摸摸
時不時
……
啊，停下來了
還好嗎？
這裡也不對
這位置不對
16:30 傍晚散步
17:00 汪汪叫（直到放飯）
17:30 晚餐，灑出很多飼料
18:30 睡覺，時不時被摸摸
忘記啦
飯飯
飯飯
22:30 Golden Time

COLUMN

✤ 我家隔壁的黑色柴犬

我家隔壁住著一位老爺爺和一隻黑色柴犬。那隻柴犬雖然身體有點嬌小，但是年輕又活力充沛。只要有猴群和陌生人靠近，就會吠叫示警，是一隻非常可靠的看門犬。他非常喜歡老爺爺，會在打掃院子的老爺爺周圍跑來跑去。從我家廚房的窗戶，總是可以看到他們在後院走廊一起晒太陽的樣子，令我感到很溫暖。

老爺爺和黑色柴犬總會在距離最近的地方守護著我們。黑色柴犬散步遇到我們家狗狗時，會用鼻子跟她打招呼，看到我的臉則會對我叫一聲「汪」，而老爺爺便會稱讚他「好可愛！真了不起！」雖然只是一些日常的問候，但這卻在照護老狗狗的時期，帶給了我許多力量。

我家的隔壁住著一位老爺爺
和一隻活力充沛的黑色柴犬。

黑色柴犬最喜歡老爺爺了，
他們兩個的感情很好。

身為鄰居的我，從廚房的窗戶看到他們和睦相處的樣子，
也感覺很幸福。

狗狗的SOS

無論什麼時候發生了什麼事，我都不會驚訝了……

晚上十一點，狗狗突然叫了起來。

「救命！媽媽！媽媽！」

狗狗的吠叫彷彿帶有情感的呼喊，像是混合了「汪」和「嗚」的叫聲，「嗚汪汪汪嗚！嗚汪！汪！」她持續著顫抖地嗚咽著。和狗狗一起生活過的人應該都知道，狗狗的叫聲分成很多種類，也包含各種情緒。和狗狗一起生活久了之後，從愛犬單純的「汪！」，就能感受到其中的含意，而現在的叫聲是平常聽不到的，這是狗狗的求救信號。

我和爸爸正在閱讀書籍以及做睡前的整理，但我們都放下手邊的事情，慌慌張張地跑到狗狗身邊。

「怎麼了？哪裡痛嗎？」

我抱起不斷吠叫的狗狗說著。狗狗看起來十分不安，爸爸檢查了床上以及狗狗的身體狀況，並沒有發現什麼異常。

我抱著狗狗，邊跟她說話邊撫摸著她，大約三十分鐘後，她才慢慢地平靜下來，進入了夢鄉，而她突然大叫的實際原因，仍然是個謎團。

狗狗是不是做了可怕的夢？還是發生了什麼令她不安的事情？從這個時期開始，這樣的突發狀況開始頻繁地發生。

另一天的凌晨，狗狗的鼻子或是喉嚨好像被什麼東西卡住似的，不斷發出「嘓——嘓——」的聲音，而且停不下來。我不停地撫摸她的背，而擔心的爸爸

則在網路上搜尋了一下，發現類似症狀的影片，症狀名稱好像叫做「逆向性噴嚏症」。雖然似乎不是太嚴重的病，但對於沒有力氣的老狗狗來說，是有些痛苦的症狀。我嘗試網路上介紹的方法，例如朝著狗狗的鼻子吹氣，但是都沒有效果。

最後，狗狗一邊發出「嘓——嘓——」地聲音，一邊搖搖晃晃地散步（她看起來很開心），接著又一邊發出「嘓——嘓——」地聲音，一邊吃完飯後，喝了很多水，聲音才終於停了下來。

又有一天，狗狗像往常一般，把晚餐的罐頭吃得滿地狼藉，並且在一小時後，就把剛才吃的東西全部吐了出來。這時，她也用從未聽過的巨大叫聲痛苦地不停叫著，我在一旁一邊撫摸著她的背，一邊考慮是否要帶她去醫院。

我家的狗狗非常討厭醫院，而且她上了年紀變成老狗狗之後，我擔心她甚至沒有體力和精力前往鎮上的醫院，因此我想要儘量讓她和家人一起待在最喜歡的家中。我一邊在腦中糾結是否要前往醫院，一邊撫摸著狗狗鬆軟溫暖的後背。

那時，摸著摸著，狗狗就平靜下來，又進入了香甜的夢鄉。「太好了！太好了！太好了……」我不知道自己究竟說了幾遍。

狗狗年輕的時候，從未發出任何的求救信號。而狗狗在晚年時，也沒有生大病或受傷，度過了非常安穩的老狗生活，因此這樣的突發狀況十分少見，每每發生時都讓人非常擔心。而這個時期的狗狗，做什麼事都沒有力氣了，因此家人們總是提心吊膽地想著，她是不是得了什麼病？是不是很痛苦？

但是現在，狗狗馬上就要十七歲了。無論她在什麼時候發生什麼事，都不足為奇。我想，我們一家人應該都做好了心理準備，只是不願意說出口而已。

在狗狗發出求救信號的第二天，進行早晨散步時，和黑色柴犬一起生活的老爺爺跟我打了招呼。

「昨天狗狗好像哭叫了很久，沒事吧？」

狗狗的聲音似乎傳到了鄰居家中。

老爺爺溫柔的聲音，幾乎讓我落下眼淚。

狗狗害怕的東西

「膽小」的個性也令人憐愛

我家的狗狗雖然只是一隻沒有什麼特別之處的米克斯，但是，我覺得她在「膽小」這方面，有著足以進入日本國家代表隊的實力。

當她還是小狗狗的時候，總是待在狗媽媽的前腿之間不肯離開，因此，她的其他兄弟姐妹都早早地被領養了，而她是唯一留在媽媽身邊的狗狗。

她在出生後三個月來到我們家之後，可能是每到晚上依然會想念起狗媽媽的緣故，因此總會開始哭鬧，而且堅持叫上一整晚。在我們迎接小狗狗前買的《小狗的養育方法》一書中寫著：「把小狗狗放進籠子裡，蓋上毛毯，讓環境變暗，十五分鐘後小狗狗就會放棄哭鬧並且安靜下來。」但是我們照做之後，過了四、

五個小時，情況還是沒有任何變化，小狗狗依然叫個不停。書上寫著「這時候就要靠飼主的耐性！」於是我們只好用棉被罩住頭忍耐著，可是小狗狗的叫聲並沒有停止，一連持續了好幾個晚上。主人都要哭了。（最後，我們放棄讓小狗狗睡在籠子裡，開始跟她一起睡了。）

即便在狗狗長大後，或許是因為做了可怕的夢，她經常惴惴不安地發出「嗷嗚」的叫聲，有時候我會被她吵醒，因此我和爸爸輪流睡在她的旁邊，狗狗叫的時候就摸一摸她，或是帶她去庭院轉換心情。直到現在，我還是不知道到底是什麼東西讓狗狗感到害怕。她是一個沒有家人陪伴就睡不著的孩子。

之前狗狗因為生病而住進動物醫院時，她的「夜半哭聲」實在太響亮，甚至「傳染」給了醫院裡的其他狗狗，就連平常不叫的狗狗也叫了起來，在深夜裡鬧得沸沸揚揚。早上醫生打電話過來，告知我們說醫院很難讓狗狗靜養，因此提前讓她出院了……

狗狗平常是一個幾乎不惡作劇，也很少調皮搗蛋的乖巧孩子，但是只要受到

驚嚇，就會發揮出不可思議的力量。她非常討厭吵雜的聲音，當我們不在家時，如果不幸地下起暴雨，她就會破壞防止寵物逃跑的柵欄，打破雨戶，甚至還會把榻榻米挖出一個大洞。

啊，現在回想起來，她真是一個需要費心照顧的孩子。

我曾經向動物醫院的醫生諮詢過狗狗過於膽小的問題。

「如果是她的話，就算讓她待在籠子裡看家，她也會破壞籠子，又或者為了破壞籠子而受重傷，我想只能儘量陪伴她了。」

醫生和訓犬師都提出相同的意見。總而言之，我家的狗狗只要不在家人身旁，就會變得十分焦慮不安。

在狗狗引起一陣騷動後提前出院的早晨，我們把她帶回家時，她突然變得很平靜。看著她安心睡覺的樣子，我覺得她「膽小」的個性也令人疼愛。閃電、煙

火、地震和暴雨等等，對狗狗來說，這個世界充滿了恐懼。狗狗年輕的時候總是一臉膽怯，待在家人的身邊瑟瑟發抖。家人也因此總是特別留意天氣狀況和地區的煙火資訊，盡可能地陪伴在她身邊。雖然很辛苦，但狗狗如此依賴我們，我們也感到很自豪。

在狗狗即將邁入十七歲時，我發現狗狗的表情變得比較沉穩。從照片中可以明顯看出，與年輕時相比，她的表情更加開朗，笑容也更多了。或許是因為眼睛看不見，耳朵也聽不到的關係，恐懼的事物也就隨之減少了。

我想，看不見、聽不到的世界是很痛苦的。但是，看著狗狗平靜的樣子，她似乎明顯地感受到了什麼新的情感，而那一定是與家人彼此「相愛」的感覺吧。

我家的狗狗
很害怕打雷的聲響，
以前也很討厭
下大雨的聲音。
嘩
嘩
狗狗還年輕
的時候，
有一次不幸地
趕緊跑回家
在她一個人看家
時下起了暴雨。
回家查看情況
時，發現家裡變
得亂七八糟，
狗狗也不見了。

我拚命地翻箱倒櫃…
啊—媽媽!!!
在狗狗逃跑前發現了她!
雖然雷雨只下了三十分鐘，
媽媽嗚嗚—
好乖好乖
已經沒事了沒事囉…
但對狗狗而言，那應該是相當可怕的聲音。
幾年後，小狗狗變成了老狗狗，耳朵也聽不見了。
害怕的東西變少了，她似乎有點開心。

窺探著工作室的 0 歲狗狗

ALBUM

如果有坐墊一定會跑去坐下

白色手腳是
魅力所在

會霸占玩具球

10 歲時威風凜凜的狗狗

無論何時，狗狗睡臉都像天使一般

ALBUM

從窗外看進來的一雙圓圓大眼

狗狗喜歡這個能看到庭院和廚房的地方

爸爸在吃什麼？

ALBUM

媽媽～放我進去～！

這裡最溫暖了

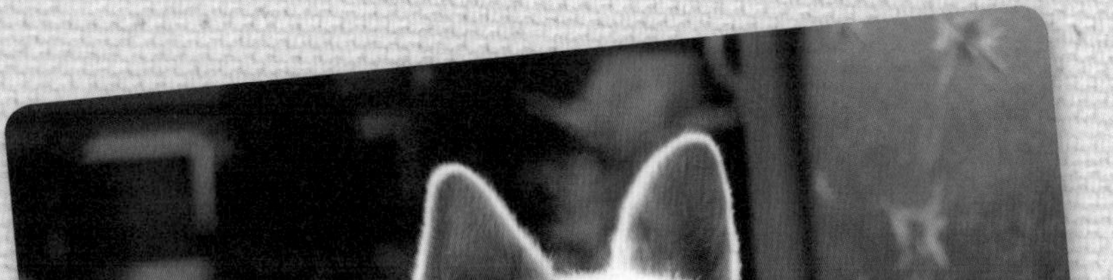

前一隻狗狗小白是漂亮的白色狗狗

ALBUM

第 3 章

狗狗 17 歲

狗狗十七歲了

十七年來，她總是陪伴在我的腳邊

二〇二一年六月三十日，狗狗終於迎來十七歲生日。

開始經營推特已經一年半了。我跟往常一樣在傍晚四點半出門散步，跟坐在老地方一動也不動的狗狗，一起像平時一般眺望著河面，心想：「我還能繼續經營推特多久呢？」狗狗似乎累了，靠在我的腳邊休息，看起來很開心。即使已經走不動了，狗狗還是很喜歡散步，每次都很高興的樣子。

我一邊感受著腳邊狗狗的體溫，一邊思考著，必須發布狗狗十七歲生日的貼文，因此想起了很多以前的事情。

我想起當初聽原飼主太太說，狗狗小時候從沒離開過狗媽媽。即使長大了，狗狗依然十分膽小，還因為害怕雷聲，而躲在我的桌子底下發抖呢！她也曾被積雪從屋頂滑落的聲響嚇到，飛奔至正在廚房洗碗的我身旁，從我的雙腿之間探出頭，嗚嗚地哭著。

回憶起這些往事，我不禁哭泣起來。

我在推特上發布了狗狗滿十七歲的貼文，用插畫表現出十七年以來，總是一如既往陪伴在我腳邊的狗狗。這篇貼文引起許多人的關注，我的按讚數和追蹤數都在幾天內驚人地增長，並收到了許多留言。

我認為，十七歲對於一隻狗來說算是相當長壽了。我持續創作「#祕密結社老犬俱樂部」的貼文，一方面是希望大家了解照顧老狗的辛苦，另一方面也是想要讓人們看見老狗的可愛之處，以及跟老狗一起努力生活的樂趣，如果還能因此減少上了年紀而被遺棄的老狗就好了。至少，過去以來我是這麼想的。

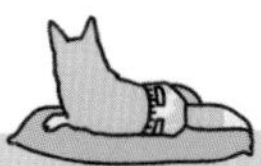

然而，在寫完這篇文章之後，我意識到自己或許錯了，其實我並不需要大聲地宣揚這些想法。畢竟，我相信留言給我的人，大多都有與老狗們生活的經驗，而且大家也都知道，照護老狗雖然很辛苦，但狗狗們真的很可愛，跟他們共同生活也非常美好。

我的狗狗十七歲了。

十七年以來，她一直陪伴在我的腳邊。

就像其他的狗狗一樣，我想。

十七歲的狗狗
散步時
走不了
太長的路。

……

散步
很開心吧。

老狗的後腦勺

如果有一個「猜猜哪個後腦勺是你的狗狗」的比賽

狗狗十七歲一個月時的某一天，我倒在狗籠前面，趴在地上，伸直雙腿，自言自語著：

「呵呵呵♡！你今天也好可愛。」

最近狗狗總是低著頭，不讓我看她的臉。我想盡辦法想看看她的表情，於是我降低視線，躺在地上，終於看到狗狗的臉。把臉湊近狗狗的鼻尖時，狗狗也注意到我，並露出開心的表情。

我想狗狗可能已經失去抬起脖子的力氣。就連抬頭看我們這種從前認為理所

當然的動作，現在卻變成了狗狗做不到的事情之一。

現在，就算呼喚狗狗的名字，她也不會跑過來；就算帶她去散步，她也不會搖尾巴了。我們一起出門時，她不跑也不走，總是低著頭，連看都不看我一眼。仔細想想，現在的生活失去了很多和狗狗共同度過的樂趣，因為狗狗已經變成了「什麼都不做」的老狗狗。

但是，這些完全不重要。狗狗一天比一天可愛，和十七歲的狗狗一起生活，我有了新的樂趣和發現。

由於狗狗現在不太能走路，所以我經常抱著她移動。狗狗年輕時不喜歡被人抱著，總是馬上就掙脫逃跑。不過，在她變成老狗狗之後，抱著她成為一種樂趣，可以一邊感受著狗狗的重量和體溫，一邊把臉埋進她毛茸茸的脖子中，真是太棒了。

狗狗的眼睛漸漸看不見，無法與我們對視了，現在她變得很少從正面看我的

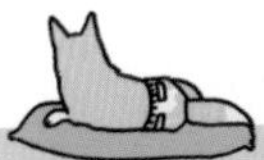

臉，我也只能盯著狗狗的後腦勺。就在這時，我發現狗狗的後腦勺好可愛。圓圓的頭、耳朵的形狀都好極了，我甚至注視到都可以閉著眼描繪出狗狗的剪影。如果有一個「猜猜哪一個後腦勺是你的狗狗」的比賽，我有信心一定可以拿下冠軍。

我在推特上自豪地發表了這樣的貼文，沒想到老狗的主人們都做過相同的事情。躺在地板上看著狗狗的臉，開心地抱著狗，手機裡也常備著狗狗後腦勺的照片，以便隨時發布到留言區。

原來是這樣！可愛的老狗狗，讓飼主們不約而同地做出相同的行為。我就像一個解開謎團的偵探，一臉認真地表示贊同。

零歲也可愛
四歲也可愛
超
十七歲也可愛

傲嬌狗狗

「狗狗完成了一件理所當然的事情！」的幸福瞬間

有一天散步時，狀態還不錯的狗狗陪我走了十公尺左右。雖然只是這麼一點小事，但我卻很高興，也感到非常、非常幸福。

狗狗從一歲半到十四歲。幾乎沒有什麼變化，健康地度過每一天，我甚至沒察覺狗狗衰老的跡象。雖然她受過傷、生過病，但總是一如往常地，有如正常運作一般地散步、吃飯，以及在半夜哭鬧。

但是狗狗過了十五歲之後，開始一點、一點地產生變化。到了十七歲時，狗狗「理所當然」的行為每天都會改變。吃飯的量逐漸減少，市面上能吃的零食種

類也受到限制。上廁所的間隔變短了，也無法獨自上廁所。我們每天都要改變帶狗狗去庭院如廁的時間以及地點，尋找狗狗覺得最舒服的時間以及方式。家人們一邊觀察狗狗的變化，一邊沙盤推演出適合的照顧方法。即使狗狗再也無法做出一直以來理所當然的行為，我們也沒有時間悲傷。

對於這樣的我們來說，「狗狗完成了一件理所當然的事情！」的幸福瞬間，就像上天賜予的獎勵一般。例如此刻，狗狗明明幾乎走不動了，在我的身旁卻搖搖晃晃地拚命走著，雖然只有十公尺，但在那個瞬間，我確實感受到自己正在散步！我和我的狗狗，正在散步！

我非常高興，也感到非常、非常幸福。回到家之後，馬上將這件事告訴家人。我們今天一起散步了十公尺喔！狗狗好可愛！

即使狗狗幾乎走不動了，我們還是每天出門散步。時間一到我就會從籠子將她抱起，而狗狗似乎也知道這是散步的信號。有一天，當我抱起她時，她竟然高興地舔了舔我的臉。

好開心！狗狗舔了我！又可以跟家人們炫耀了！

我也興奮地把臉貼在狗狗的臉上磨蹭。狗狗被我抱在懷裡，後腿出力使勁地躲開我的臉，像是在拒絕我說：「媽媽！你靠得太近了！」即便到了十七歲，狗狗的傲嬌也依然如故。

準備去散步，
所以把狗狗抱起來，
結果
她舔了我一下。
所以，
我也磨蹭♡她的臉。
結果被她拒絕了。
啊…
踩

老狗的日常

「難道」這個詞，從腦海中浮現

八月的某天，來到下午四點半，我對正在睡覺的狗狗說：

「去散步吧——」

狗狗靜靜地躺在籠子裡。我撫摸著她的背，告訴她散步的時間到了，然後暫時離開，做好出門的準備後再回來，發現她還躺在那裡。

「咦？今天不去嗎？」

狗狗即使上了年紀還是很喜歡散步，雖然在身體不舒服時，也曾有過無法行

走的情況，但是她從來都不討厭出門。於是，我再度向狗狗說：

「欸——！要去散步嗎？」

狗狗依舊動也不動，平常她可是會很高興地抬起頭來的……我摸了摸她的背，感覺很溫暖，但是她卻一副渾身無力、筋疲力盡的樣子。

「……咦？」

突然，「難道」這個詞，從腦海中浮現。

等一下！為什麼是現在？我摸著狗狗的背，反覆叫喚著她的名字，然而，狗狗的胸口連呼吸的起伏都沒有。等等，別走啊！無法接受的感情「砰、砰」地拍打著我的內心深處，當我拚命搖晃狗狗的後背，淚眼汪汪地再次呼喚她的名字時……

狗狗醒來了，原來她只是睡得太熟了。

在那之後，我們像平常一樣悠閒地散步，然後狗狗就像平常一樣狼吞虎嚥地吃過晚飯，心滿意足地微笑著睡著了。

我們家的狗狗是一隻膽小、警戒心強，長得神似柴犬的米克斯。即使在睡覺時，只要有一點聲響或是刺激，她就會馬上驚醒。每當呼喚她時，她也總是會立刻醒來，而我直到最近，都認為這是她理所當然的天性。這一次，不知道她是睡得太熟，或是因為耳朵聽不見了，所以才沒有反應？不過，老狗狗很難醒來，好像是一種普遍的現象。

我真的嚇了一大跳，心臟停了一拍。

狗狗就算只發生
一點點的變化，
也會讓我
感到不安。
而在那樣的
日子，
我總是一直
凝視著她的睡臉。

老狗的吃飯姿勢

把媽媽的手指當成飼料了……

很幸運地，我家狗狗即使上了年紀，食慾還是很好。如果沒有按時端出飼料來的話……

「汪！汪汪汪？」（譯：媽媽，你是不是忘記給我飯了？）

狗狗會不斷發出這般驚人的叫聲，直到飯端出來為止，所以我每天都慌慌張張地準備飼料。但是某一天，我卻發現狗狗留下了剩飯。

是沒有食慾嗎？我原本想把盤子收起來，但又心想，或許是……我把盤子湊近狗狗的鼻尖，她才一副恍然大悟的樣子，再次開始吃起飯來。原來狗狗是在吃

飯的過程中，忘了自己正在做什麼。

狗狗雖然努力張大嘴巴吃飯，但不是沒咬到飯，就是因為嘴巴張得太大，飼料從嘴角掉出來。我用單手移動盤子靠近狗狗，再用手指拿起飼料湊到狗狗嘴邊，讓她可以好好吃下去……。

「好痛！痛痛痛痛痛！」

我的食指被狗狗一口咬下。我叫得愈是大聲，狗狗竟然愈是拚命緊咬，不肯放開。聽到慘叫聲的爸爸趕緊跑來，扳開狗狗的下巴。

真是拿你沒辦法，竟然以為媽媽的手指是飼料。

我跟爸爸交換位置，由他繼續餵食狗狗，一邊在心裡如此嘀咕著，一邊用自來水沖洗食指上的傷口。雖然花了很長的時間，不過狗狗仍然在爸爸的幫助下努力吃完飯，這樣的身影令人憐愛。

但是，當我凝視手指上的傷口，悲傷的心情沉重地壓在心頭上。狗狗年輕的時候，從來不曾因為看錯而咬過我。

有很多次，我都懷疑自己和狗狗之間的信賴感是不是已經消失殆盡了。我感覺自己很努力地照顧她，卻沒有得到回報。雖然並不是努力照護老狗，他們就會重返年輕，但是就算每天再怎麼努力，狗狗依然一天比一天更加虛弱，從旁看到她的模樣，就令我難過地想哭。不過，我還是沒有放棄照顧她，連我自己都不清楚為什麼自己能夠這麼努力。

在那之後，狗狗又咬了我幾次，我的手指已經傷痕累累了。好！我可不能氣餒，我要建立完美的餵食方法！身為狗狗飼主，我不願服輸的心情油然而生。

在那之後，狗狗每天吃飯時都需要有人在身邊幫忙。因為她吃得很豪邁，飼料總是四散各處，所以我把報紙和尿布墊攤開在周圍。此外，狗狗低頭吃飯看起來很辛苦，所以我試著把盤子放在稍微高一點的位置。狗狗在吃飯過程中，前腳會無力地向兩側張開，所以我試著用雙手壓住她的前腳，但壓住腳之後，她的下

半身又會向側邊傾倒。於是我在社群網站上，找到一個在老狗狗側躺的狀態下用湯匙餵食的影片，並且試著模仿，結果我們家的狗狗拚命地咬住湯匙，所以湯匙只使用一次就變得破破爛爛的。

我就這樣反覆修正餵食方式，最終以狗狗坐著，而我從後面用腳夾住狗狗的腰以及腳的形式，完成了輔助餵食機制。

此外，為了防止手指被咬傷，我還準備了金屬湯匙，根據狗狗的進食情況，用湯匙將飼料集中到碗的一側，方便她吃飯。修正之後，狗狗又能把飯吃光了。過去反覆試驗了許多餵食方式，對我們家的狗狗來說，這個方式好像最適合她，在這個方法的幫助下，有很長一段時間，狗狗都能正常吃飯。這是狗狗飼主自尊心的勝利！

而且，這個餵食方式還有一個附加的好處，就是可以趁機隨意撫摸狗狗的背，狗狗也不會感到不耐煩。只要每天持續用這個姿勢餵食，就等於每天都可以摸到飽。

呵呵呵♡！我藏不住自己的笑意。

改良前
徒手拿著碗餵食
改良後
雙手固定住
搖搖晃晃的腰
雙腿擋住狗狗前腳
避免前腳張開
把飼料碗
稍微架高
嘿
嘿
摸
到
飽
嘿
嘿

尿布登場

狗狗總是享受著當下自己的樣貌，眞是瀟灑

狗狗十七歲三個月時，終於首次穿上尿布。

因為有十六歲去世的前一隻狗狗的經驗，我對於讓狗狗穿尿布這件事並不抗拒。不過，因為狗狗似乎以自己在戶外小便為榮，所以直到最後一刻，我們一家人都努力地幫助她自己上廁所。但是最近狗狗失誤的次數愈來愈多，一天洗好幾次床單和毛巾都還是來不及更換，因此，我總算下定決心了！

狗狗也許會討厭尿布，穿上尿布也許會看起來很悲傷，我一邊想著，一邊調整好狗狗的姿勢，將狗狗的尾巴穿過狗用尿布，再將腰部左、右側的膠帶貼好。

「哇——♡！好可愛——♡！」

連穿上尿布都那麼可愛，我的老狗狗可愛濾鏡究竟有多深？而狗狗也不嫌棄尿布，笑咪咪地睡著了。

前一隻狗狗的尿布，不是膠帶固定不好，就是尾巴孔洞的大小不合適，再加上當時也沒有好看的設計。但是，現在的尿布經過改良，使用起來非常方便，而且設計也很棒。淺藍色底色上有布丁圖案的設計，跟我們家狗狗栗子色的毛色非常相配。

我認真地思考了半晌，不知道是因為尿布可愛，所以狗狗才看起來可愛？還是因為狗狗可愛，所以穿上尿布的樣子也可愛？總而言之，我們家的狗狗就這樣，華麗地首次穿上尿布了。

對於愛犬老去，焦慮不安的似乎總是只有飼主。日復一日，狗狗無法做到的事情逐漸增加，但是卻不曾見過她顯露浮躁，反而比從前更加平靜了，可愛指數也提升了。

有位讀者在推特上留言說道：「老狗狗們能夠坦然地接受自己有愈來愈多做不到的事情，並享受著當下自己的樣貌，真是瀟灑。」我覺得「瀟灑」形容得恰到好處。十七歲的狗狗，真是瀟灑。

穿上尿布的兩個月後，狗狗再次進化。她的眼睛和耳朵都漸漸衰退，明明不能走也不能跑；站不好也坐不好，但卻能偷偷地脫掉尿布，家人們都議論著狗狗是不是天才？考慮到可能是尿布的尺寸太大，所以我們換了小一號的尺寸，但狗狗還是可以默默地脫掉，再買小一號的尺寸，狗狗還是可以悄悄地脫下來。真是太專業了……

狗狗十七歲三個月時，
尿布首次登場了。

好…
好可愛…

不知道是因為尿布可愛，
所以狗狗才可愛？
還是因為狗狗可愛，
所以穿上尿布的樣子
也可愛？
如此思考著。
……
齁—

絕讚散步中

老狗的日常生活中，點綴著奇蹟般的「理所當然」

秋天的某一日，在外面散步時，狗狗竟然大便了。在！外！面！

十七歲三個月大的狗狗，腰和腳都衰弱到連站起來也很危險。但是，正當我以為狗狗只是靠自己的後腿站穩時，沒想到竟是「奇蹟般地在外面大便成功！」和老狗狗一起生活的人應該能理解這種興奮感。我立刻向家人報告這一件事，一家人高興得手舞足蹈，對狗狗讚不絕口。在這個時期，尿布已經是基本配備，因此我覺得狗狗在外面正常大便已經是不可能發生的事情了，正因為如此，這件事讓我非常高興，甚至想站在選舉車裡大聲地發表演說，雖然只是狗狗在外面大了便這件小事。

幾天後，我在散步的途中，將懷裡的狗狗放到地上，結果狗狗突然開始走路了。雖然搖搖晃晃的，但是她白色的四肢像是要抓住地面一般地向前邁進。我慌忙拿出手機，拍下狗狗走路的樣子。這是一個月以來，狗狗第一次走路的瞬間。儘管狗狗的身體不再像以前自由，偶爾會控制不了方向或是快要倒下，她依然堅持走下去，即使中途停了下來，也會再次前進。狗狗走得很認真，也很快樂。

就算煩惱也好，停下腳步也好，犯錯也好。我意識到自己從狗狗前進的身影學到很多東西，眼眶也開始發熱。僅僅是看著狗狗走路而已。

在狗狗十七歲的日常生活中，點綴著奇蹟般的「理所當然」。一個個「理所當然」，對我們家來說都是大新聞。每天回到家，家人們總會先問：今天狗狗怎麼樣？而待在家的我則回答：「今天很開心地散了步，也大小便了，飯也吃得很好，也睡得很舒服。」聽完這些理所當然的行程，家人們便會直奔狗狗睡覺的地方，並稱讚她「真是個好孩子」。在旁人眼裡看來也許會覺得很滑稽，但我卻感到很幸福。

即便狗狗無法走路，我還是每天早晚都帶她出門。雖然，狗狗已經無法正常站立和坐下，因此常常癱坐在草叢裡動也不動。

狗狗將鼻尖朝向風吹來的方向，像是在解讀空氣一般地不斷聞著味道，看起來十分開心，在旁邊觀察的我也莫名地興奮了起來，明明狗狗只是在草叢裡嗅一嗅味道而已。

沙～
沙～
沙～
十七歲狗狗
絕讚散步中！
看起來好像很開心……

當時我們也待在一起呢！

我至今還記得地震時，狗狗微弱的心跳和體溫

我無法將視線從狗狗身上移開。

以前在出門前，我總是不斷重複著以下動作：「怎麼辦？又不能帶你去上班……啊！糟糕了！狗狗開始叫了！」↓跑到狗狗的位置，抱起狗狗↓狗狗停止吠叫，摸起來軟呼呼、毛茸茸的↓「好口愛愛愛愛愛愛愛愛♡！」

狗狗睡在籠子裡時，脖子常常彎得歪七扭八，無法靠自己移動姿勢，因此愈來愈頻繁地「嗚嗚」呼喚家人們幫忙。即便狗狗只是短暫地獨自看家都令人擔心，因此家人們商量之後，決定一定要有人陪伴在狗狗的身邊。由於我大多數時間是待在家裡工作，因此幾乎都跟狗狗在一起。

改變狗狗身體的方向、更換尿布等等，我們的生活就是一連串不斷確認狗狗體溫的工作。而在這期間，我想起不久以前發生的某件事。

那是發生地震那一天。

二〇一一年三月十一日，當時狗狗六歲。

那一天我在家中工作，而狗狗在隔壁房間睡覺。下午的工作開始不久後，我發現遠處傳來低沉的地鳴，那聲響彷彿要吞噬整座城市一般，我立刻意識到發生了大地震。

我隨即從椅子上起身大聲呼喚狗狗，狗狗跳了起來，一溜煙地跑過來。此時房子已經開始搖晃了，我急忙抱著狗狗往外跑。

我抱著狗狗，蹲在院子的正中央，看到街道和地面都劇烈地搖晃著，畫面怵目驚心。

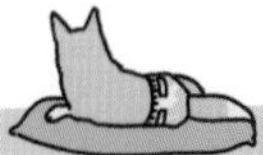

狗狗在我的懷裡瑟瑟發抖，沒有任何動作，只發出細小的「嘶──嘶──」聲，這是我第一次，也是唯一一次聽到她發出這種嗚咽。我至今還記得狗狗當時微弱的心跳和體溫，她一邊顫抖著，一邊強忍著恐懼，沒有隨便亂動。

幸運的是，我們居住的地區並沒有受到太大的破壞，只有房子的牆壁出現了些許裂痕。當初渾身發抖的狗狗，現在也已經成為上了年紀的十七歲老狗了。她的身體已無法自由行動，所以我總是抱著她。抱著狗狗時感受到的溫暖，讓我想起了共同生活的十七年漫長日子中，曾經發生過的地震。

原來，當時我們也待在一起呢！

嗚—嗚
嗚—嗚
嗯?
來了來了
髒衣服
十七年……
仔細想想，我們一起生活好久了……
好乖好乖
在不知不覺之間，
習得了一邊抱著狗狗一邊做家事的技能!!

殘存的光芒

狗狗內心常存一道「最喜歡」的心靈之光

當山區正式迎來冬天時，狗狗已經十七歲半，完全無法行走了。

儘管如此，我跟狗狗還是每天一起去散步，我抱著她走在平時散步的路線，一起看日出（雖然狗狗已經看不見了），然後把她放在草地上，讓她聞聞泥土的味道。我和狗狗都很期待早晨與傍晚的散步時光。散步時如果讓狗狗自己坐下，她會搖搖晃晃無法維持姿勢，因此我總是把她夾在我的兩腿之間支撐著她。我的腳能感受到狗狗的體溫，好溫暖。

下雪的時候，我把狗狗的腳放在雪地上，而狗狗一臉驚訝，目不轉睛地盯著自己的腳。

「又冰又軟，這個應該是雪吧？不知怎的好像有點興奮起來了？」

狗狗似乎就像這樣緩慢思考著。我們家狗狗在年輕的時候也很喜歡雪，下雪時的她，與卡通中興奮繞圈的狗狗簡直一模一樣。即便她現在變成了老狗狗，遇到下雪還是表現得很雀躍。因為她看起來很高興，所以我鬆開手，讓狗狗自己站在那裡。

「哇！站起來了！好厲害！好厲害！真是了不起！」

純白的森林幽深而靜謐，只有我的歡呼聲在其中迴盪著，而狗狗正努力地用纖細的腳站起來。

狗狗一天比一天更加瘦小，量了一下體重，發現她比去年冬天少了兩公斤。我幫她拍下了一張照片，準備發布到推特上，卻又有些猶豫。骨瘦如柴的手腳，毫無光澤的毛髮，混濁不清的雙眼，身上還長滿了疣，無法自由行動的身體和鬆

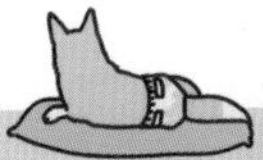

垮垮地下垂的尾巴，我想，不認識的人看了也會感到不忍吧。

但是，狗狗絕對超級可愛。老狗狗有獨特的可愛之處，只是很難具體地對沒有和老狗生活過的人說明。老狗狗有很多事都做不到，外表也改變了，但是，即使雙眼變得混濁，我們依然能看到狗狗心中常存的那道「最喜歡」的心靈之光。不管年紀多大，這道光芒依舊持續閃爍，因此狗狗總是看起來很可愛。

散步回家後，我扶著狗狗的身體等她喝水，一家人一直盯著狗狗「咕嚕咕嚕」地喝著水，直到她喝完為止。

我們將那段時間和狗狗的體溫，銘記在心中。

半夜哭鬧全餐

我們下定決心，再也不睡覺了

我們家把晚上十點半到深夜兩點稱為「Golden Time（黃金時間）」。半夜哭鬧，抱抱，摸摸，咚咚咚咚咚咚咚咚，簡直就是一套干擾睡眠全餐。

我瀏覽了「＃祕密結社老犬俱樂部」的貼文，發現大家對於老狗狗半夜哭鬧的行為都相當苦惱。老狗狗們白天明明睡得那麼香甜，一到晚上卻睡不著。完全不睡覺。前一隻狗狗在這個時期也有一樣的情況，因為失智症的關係，半夜時她會很難受似地悲鳴起來，無論我們做什麼都無法停止，全家因此度過了一段辛苦的時光。有了過去的經驗，雖然我已經做好心理準備，但狗狗的半夜哭鬧，還是讓我很頭痛。

當家人們上床睡覺時，狗狗就會開始「窸窸窣窣」地移動，不安地哭鬧起來。可能是感到寂寞了？但撫摸她也沒有用。可能是口渴了？但拿水給她，她也不喝。可能是想尿尿？但是我幫她換了尿布，又帶她到庭院散步也沒用。即使安撫狗狗讓她平靜下來，但過了不久，她又開始哭鬧。過了十七歲半的這段時期，這個循環每晚都重複到早上，因此睡眠不足的我們一家人總是疲憊不堪，滿腦子都是「再也受不了」幾個字。

我們決定再也不睡了。首先，夜貓子爸爸會先把晚上十一點哭叫著起床的狗狗哄睡。爸爸使用了在寵物圍欄裡一起陪睡的戰術，一邊撫摸狗狗，一邊幫她翻身。等狗狗稍微平靜下來之後，爸爸也在圍欄裡面睡著了。大概到半夜兩點多，爸爸已經筋疲力盡，因此輪到我這個晨型人在三點左右起床哄狗狗。我採取的則是和抱人類嬰兒一樣的方式抱著她，然後輕拍她的背，使用這個戰術的話，狗狗雖然不會睡著，但是會停止哭泣並且平靜下來，爸爸也能在這期間睡覺，而我就這樣迎來了早晨，在早上六點多出門散步。

和狗狗一起沐浴在朝陽下，回到家後，狗狗又安穩地睡著了。早上起得超級

早的我，晚上十點就開始爆睡，因此完全沒注意到狗狗的哭叫聲，也不知道爸爸什麼時候又進到狗狗的圍欄裡……我們就這樣，日復一日地重複著這個循環。

老狗狗的半夜哭鬧，長期經歷下來令人身心疲憊。不只是我們，不知道有多少飼主也在夜裡和我們一樣哭泣著。我也曾經想過，如果能知道半夜折磨狗狗的是什麼，無論如何我都會想盡辦法趕走它。

因為大家都很愛自己的狗狗，所以我們無法袖手旁觀。這一場看不見終點的戰鬥，還在持續著。

老狗狗的半夜哭鬧讓人心累。
汪汪
汪汪
怎麼啦？怎麼啦？
汪汪
好乖好乖
汪汪
汪汪
筋疲力盡的爸爸
對了，原來今天是聖誕節。
天上那個，是聖誕老人喔！
所以你不用害怕喔。

大概是這樣的感覺

在安靜的世界裡，狗狗有怎樣的感受呢？

狗狗臥床不起了。

狗狗已經無法依靠自己的力量來移動身體或站起來，連抬頭都很困難，只能躺在床上，啪嗒啪嗒地活動四肢。身體無法動彈，處於什麼也看不見，什麼也聽不見的安靜世界裡，會是怎麼樣的感受呢？

為了防止狗狗長褥瘡，家人們看準時間幫狗狗翻身，讓右半身和左半身輪流朝下，還要注意脖子的高度，因為不同的動作下，脖子舒適的高度也有所變化，所以我們會微妙地改變枕頭的位置。就這樣，家人們偶爾會在調整時抱起狗狗，但是每一次狗狗都會嚇一跳，似乎很難提早察覺到家人靠近的跡象。對狗狗來

說，這大概就像是獨自在安靜的世界裡發呆時，突然被一股巨大的力量舉起來一般吧？任誰都會嚇一跳的。

因此，在抱起狗狗之前，我們會輕輕地摸摸她的後背，或者把手放在她的鼻尖上，讓她聞聞氣味，發出「現在要抱你囉」的信號。如此一來，狗狗就會知道：「啊！媽媽來了，是要抱我，還是要去散步呢？」或是「啊！爸爸來了，想請他幫忙換一下枕頭的位置。」如此一來，就能讓狗狗做好心理準備。

即使臥床不起，狗狗也能記住每天的變化，真是聰明！

晚年的狗狗，白天總是睡得非常安穩。我們家的狗狗小時候老是愁眉苦臉，像是害怕著什麼一樣，現在卻經常笑咪咪的，令人不可置信。一定是因為再也看不到可怕的東西，聽不到可怕的聲音，以及一天之中，家人會多次來到身邊，對於這種生活感到安心的關係吧。

黑黑的，
什麼都
看不到
爸爸？
媽媽？
不管
怎麼跑
都沒辦法
前進！

哇啊啊啊啊啊
好可怕
好可怕
好可怕啊啊啊啊
咦？
啊！是媽媽的味道
媽媽剛剛去哪裡了？
我們要去散步嗎？

✤ 狗狗名字的由來

我們家狗狗的毛髮是栗子色，所以我們幫她取名爲「栗子」。前一隻狗狗的名字是「小白」，也是以毛色命名。

前一隻狗狗是漂亮的純白柴犬米克斯，擁有迷人的粉色鼻子。他晚年罹患了失智症，我們全家都必須一起照護他，其中最費心照顧他的是奶奶，而小白也十分喜歡奶奶。

小白在十六歲就離世了。某天早晨，做完家事的奶奶抱著他，像平常一樣坐在矮桌上，他就在那時離開了。聽說最後一刻，他還大聲地對奶奶叫了一聲：「汪！」

COLUMN

栗子也很喜歡奶奶。也許在彩虹橋的另一端，小白曾經交代過栗子要幫他問候奶奶也說不定。

我們家的前一隻狗狗
最喜歡奶奶了。
也許在天堂裡…
妳要去那個家了嗎？
對呀！要去那個家！
嗯…下一個是…
狗狗之神
那個家
那個家裡面有一個長這樣的奶奶，妳要多多照顧她喔！
她很溫柔
好！我知道了！我最喜歡溫柔的人了！
說不定他們還聊過這些話♡

狗狗與奶奶

狗狗爲了聞奶奶的氣味而抬起頭

奶奶來看狗狗了。

狗狗第一次來到我們家時，奶奶也一起坐車去迎接她，而狗狗是坐在奶奶的膝蓋上回來的。從那之後，狗狗就非常喜歡奶奶。因為我們平時住在離奶奶家稍遠的鄰鎮，所以狗狗一年只能見到奶奶幾次，但是她卻與奶奶很親近。

柴犬似乎都是如此，很難親近家人以外的人。狗狗對鄰居以及平時來送貨的快遞員都高度警戒，就連平常會來找我玩，帶點心給我的朋友，狗狗也不肯輕易地對她搖尾巴。在我們一家之中，除了一起生活的家人以外，狗狗唯一親近的人就是奶奶。

狗狗年輕的時候，只要奶奶來看她，她便會興奮地跳來跳去，想讓她平靜下來都很困難。聽到玄關外傳來奶奶聲音的瞬間，她就會四處亂竄，大吵大鬧。在家裡跑了一圈之後，又急急忙忙地站在玄關前叫喚奶奶，後腳不停地跺腳，尾巴像直升機一樣轉個不停，好像隨時都有可能飛出去一樣。

如果放任她不管，奶奶肯定會被狗狗撞到一旁，因此我先按住狗狗，等奶奶進入玄關坐下後才放開她，狗狗立刻喜出望外地飛奔到奶奶的懷裡。每一次的重逢，都是如此令人感動的景象。

奶奶最後一次來看狗狗是在三月時，當時寒冷的山區已稍微暖和了起來，陽光也變得比較溫暖。這時，狗狗已經十七歲八個月大了。

那個時期，狗狗雖然已經在籠子中臥床不起了，但是當我抱起她，把她的臉轉向奶奶時，狗狗竟然伸出前腳，為了嗅聞奶奶的氣味而拚命地抬起了頭。

奶奶溫柔地握住狗狗的前爪，把臉湊近狗狗的鼻尖，接著閉上雙眼。兩個人

不發一語，卻彷彿心有靈犀、互相理解一般。
而一旁的我，眼淚忍不住潸潸流下。

狗狗從小就很喜歡的奶奶來看她了。
年輕時的狗狗
奶奶來看你了喔！
雖然她們兩個人一句話也沒說，
我的眼淚卻忍不住潸潸流下。

好幸福……

現在回想起來，心裡總是想著「好可愛、好幸福」

三月底，狗狗已經十七歲九個月大了。這段期間，狗狗的生命就像每天一頁一頁翻開的書本一般，這本書就是屬於狗狗的生命之書。

看著狗狗虛弱的樣子，必須做好離別的心理準備了。但是，我們一家人並沒有將這件事說出口，令人不可思議，但是真的一次都沒有。可能是害怕用語言表達出來吧？似乎也不盡然。比起痛苦和悲傷的心情，壓倒性超越這一切的情感，是一種「可愛」的感覺。好可愛！好可愛！好幸福。

我當時的日常紀錄是這樣的：

【三月三十一日】

因為狗狗一直臥床不起，所以我總是抱著她。狗狗的臉上彷彿寫著：「咦？難道我是這個家的小嬰兒嗎？」而身為飼主的我們一家人也總是說：「我家的孩子真是可愛——」感覺我們終於變成了真正的「祕密結社」。

【四月十二日】

我去了一趟美容院。做頭髮時，花了大約兩個小時，滔滔不絕地對美容師講述老狗狗有多可愛，真是心滿意足。

【四月十五日】

久違地發了燒，睡了一整天，狗狗也在旁邊睡了一整天。能整天看著狗狗的耳朵抽動，好幸福。

【四月十九日】

狗狗好好地吃完晚飯了！我開心地哭了出來。

老狗狗的生活，大概就像這樣。

照護老狗狗絕對不是一件輕鬆的事。在這段時間，我們的日常生活與狗狗的照顧工作密不可分。狗狗吃飯、上廁所都需要有人幫忙，十分花費時間，到了晚上大家也常常無法入睡。即便如此，現在回想起來，我還是對狗狗的可愛以及當時的幸福感記憶猶新。

不知道狗狗是怎麼想的呢？

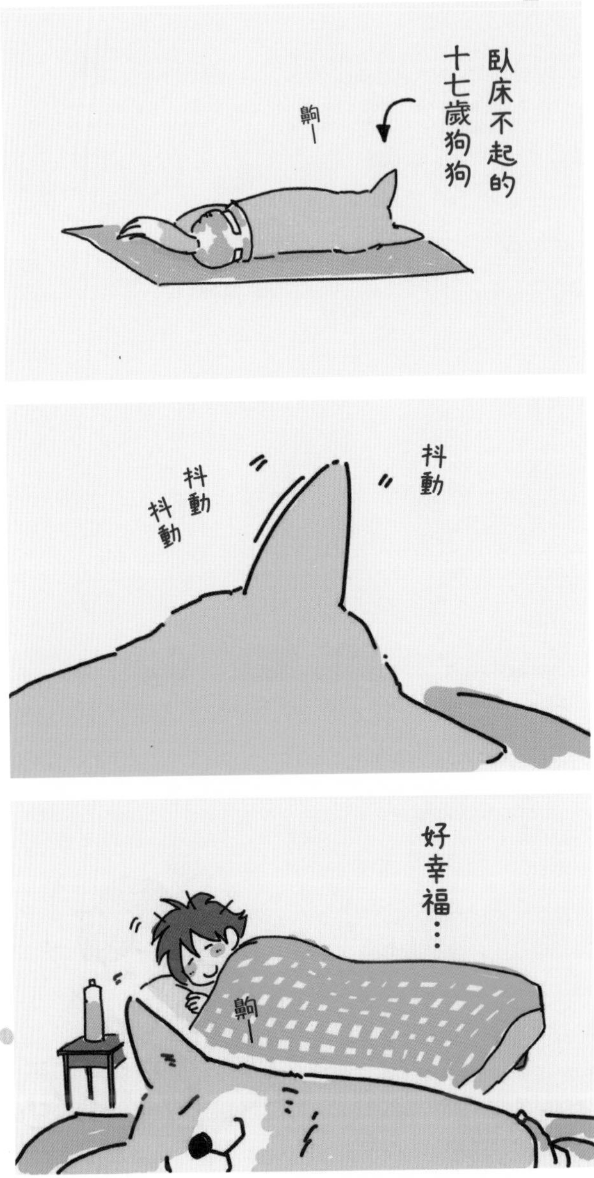
臥床不起的
十七歲狗狗
齁—
抖動
抖動
抖動
好幸福⋯
齁—

第 4 章

✤

狗狗 17 歲

山櫻花盛開的時節

山櫻花盛開了

抱著狗狗仰望的櫻花，非常美麗

四月末，散步路線上的山櫻花盛開了。這是十七歲的狗狗第十七次欣賞櫻花。雖然狗狗的眼睛已經看不見了，但是我依然對狗狗說著：櫻花很漂亮喔！

山櫻花是春末時盛開於山中的一種櫻花，我們經常散步的河邊步道上，就有一棵很大的山櫻花樹。山櫻花比市區的染井吉野櫻開得更晚，因此當新聞報導著櫻花的開花資訊時，山櫻花還處於枯萎的狀態。還沒開花嗎？還要再等一下吧？一邊期待著，一邊尋找櫻花的花蕾，是我們春天散步的日常。因為山中嚴峻的環境，有些年櫻花開得很美，有些年卻只開出幾朵而已，而此時我和狗狗一起欣賞的山櫻花一路盛開到山頂，十分漂亮。

抱著狗狗仰望的櫻花，非常美麗。我突然想起狗狗年輕時，我總是配合著她的腳步匆忙地從樹下走過，或許，我們是第一次像這樣平靜地仰望山櫻花。雖然狗狗已經看不見了，但我想她應該能感覺到山中空氣逐漸暖和起來，以及我看到櫻花時開心的心情。

不久前，我心想著：「今年也想跟狗狗一起賞櫻。」並決定以此為目標開始準備。然而，大概從三月開始，我就後悔了。這段時間，狗狗消瘦了許多，每天都筋疲力盡地躺著。看著她無力地倒臥著，一種像是責任感，又有如悔恨感的心情，開始在我的心中盤旋。

「狗狗一定想走更多的路，盡情地奔跑，盡情地吃美味的食物吧？但是，她現在卻無法做到這些快樂的事情，對現在的狗狗來說，活著這件事是不是只剩下痛苦而已呢？難道是我強行把她留在自己身邊嗎？」

我很想再跟狗狗相處久一點，而狗狗大概也察覺了我的心情。狗狗雖然很傲嬌，但總是為家人著想，所以她或許感受到了我「想要一起賞櫻」這個任性的願

望。但是，如果狗狗真的每天都活得那麼痛苦的話，我也不願意逼她堅持到櫻花盛開的時候。

不過，我們兩個已經一起欣賞到盛開的櫻花了。我已經別無所求了……

只希望狗狗能用自己舒服的樣子活下去。

快報

感謝上天賜予我這樣的時間

那是發生在五月六日的事件。我散步回家後，立即將故事發布到推特上。那是在傍晚四點出門散步，五點〇三分回家時，帶著興奮心情寫下的貼文。狗狗躺在籠子裡，而我在她的身旁一邊看著電視，一邊握緊手機，反覆重溫散步時情景，那時一時之間無法動彈的感覺，至今仍記憶鮮明。雖然聽起來很誇張，但當時的感動我將永遠銘記在心。

那一天，直到傍晚的散步時間前，我一直在電腦前工作，而狗狗在距離稍遠的籠子裡睡覺。我結束工作後走到狗狗身邊，摸摸她的背，說：「去散步啦！」準備好之後，抱著狗狗出門。走到河堤的散步路線大約有二十公尺。穿過樹林，沿著石階走上道路時，我發現有什麼東西輕輕地搖擺著，是尾巴。狗狗的尾巴正

在搖擺著，咦？我仔細看了看懷中狗狗的臉，眼睛混濁不清，視線應該看不清楚，但她卻緊緊地盯著我的臉看。

「咦？怎麼了？發生什麼事了？」

我忍不住開口問道。然後，狗狗好像對我的聲音有了反應，表情突然變得很高興，再次輕輕地搖起尾巴。尾巴！狗狗對著我搖尾巴，嚇了我一大跳。我已經一年多沒看過狗狗搖尾巴了。

「開心嗎？高興嗎？」

我對狗狗說。狗狗一直高興地看著我，對我的聲音也有所反應，每一次都會搖尾巴回應我。我哭得稀里嘩啦，拚命地跟她說話。「最喜歡你了！最愛你了！散步好開心！」

我們在平時散步的河堤邊走了一段，大概散步了十分鐘。過了沒多久，狗狗

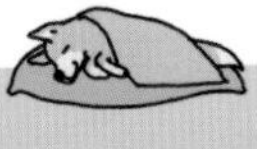

再次面無表情，尾巴也不動了，呼吸節奏變得緩慢而微弱，回到了安靜的世界。

我在推特上發布了這則貼文。好想在電視上宣布快報！

「狗狗對我搖了尾巴！」

直到後來我才發現，這是我和狗狗最後一次的互動。感謝上天賜予我這樣的時間。我並沒有想過當時該說什麼，但在這短暫的、奇蹟般的時間裡，我對狗狗說了無數次「我愛你」。

我想狗狗應該沒有聽見我說的話，但我祈禱她能明白我的心意。

新聞快報
登愣登愣
下午4點35分左右，狗狗在散步時搖了尾巴。
是時隔一年多的壯舉。
登一登!
哈啊…
對我來說
——這件事就是這種規模的大事件。

一起活下去

「喔──好吧──今天不吃飯喔──好乖好乖──」

我之所以開始經營推特，是因為我沒有自信能接受與狗狗離別。透過社群媒體，我看到許多努力生活的老狗和飼主，讓我在照護老狗狗的艱辛中有所依託。為了讓狗狗安心，我必須變得更堅強！不過，從這個時期開始，我的心態再次產生變化了。

【五月十一日】

狗狗一大早就因為身體不適，難受地一邊悲鳴一邊全身顫抖。我們一家人輪流撫摸著她，跟她說話。過了一會兒，狗狗才平靜下來，進入了夢鄉。雖然狗狗已經睡著了，一家人還是繼續唸著咒語：

「痛痛都飛走——」

【五月十二日】

在不久之前，只要狗狗的食量稍微減少，我就擔心得不得了。但現在即使遇到狗狗不吃飯的日子，我也能夠邊撫摸著狗狗邊說：「喔——好吧——今天不吃飯喔——好乖好乖。」

我想，一起活下去應該就是這麼一回事。

【五月十六日】

十七歲十個月大的狗狗，閃閃發亮、軟綿綿、毛茸茸，發射出愛的光束！

（因為狗狗變得骨瘦如柴讓人十分心疼，不忍心讓大家看照片，這是想用文字表達的崩壞飼主。）

【五月十七日】

雖然沒有自信可以接受狗狗衰老的樣子，但我儘量不勉強自己，想哭就哭、

想笑就笑，就像狗狗教會我的一樣……

像這樣寫下和老狗狗一起生活的日常已經持續兩年，但是我完全沒有變得更堅強，依然害怕離別，也沒有信心能坦然以對。到了那時，我一定無法冷靜面對，但是，我覺得這樣也好。

這樣就好。

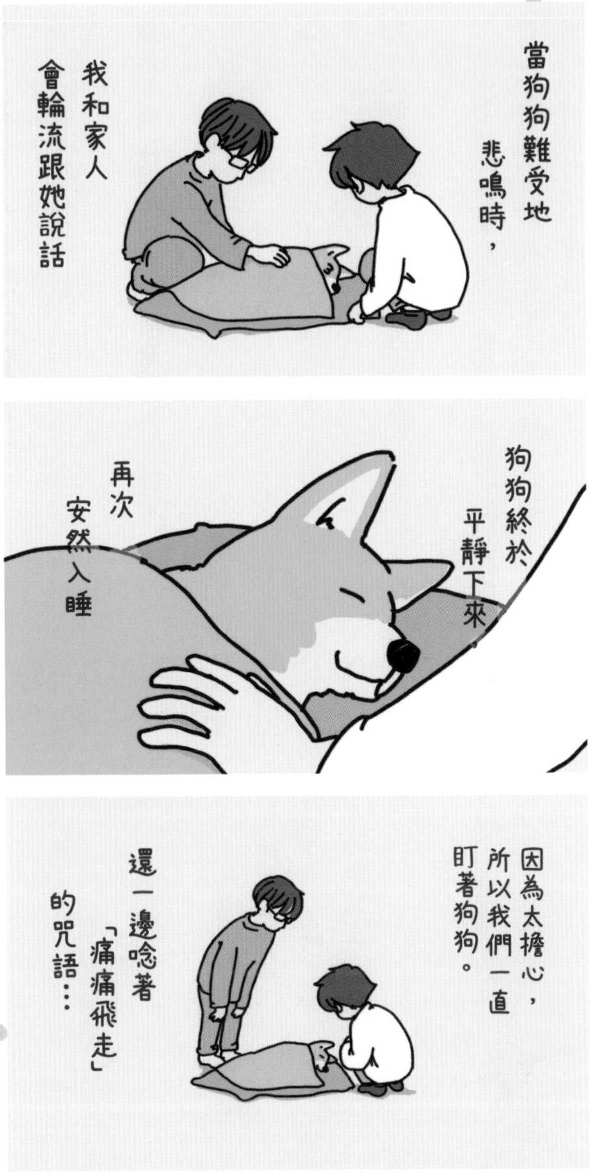
當狗狗難受地
悲鳴時，
我和家人
會輪流跟她說話
狗狗終於
平靜下來，
再次
安然入睡
因為太擔心，
所以我們一直
盯著狗狗。
還一邊唸著
「痛痛飛走」
的咒語…

為家人著想的狗狗

痛苦的時候無須忍耐，放聲哭泣就好了

跟狗狗一起生活的十七年之中，我失敗過，也曾因為過度努力而疲憊不堪，在這些日子裡，身邊總是有狗狗陪伴著我。筋疲力盡的時候，狗狗總會靠近我，讓我撫摸她的頭，直到我哭出來。她就像是在告訴我「痛苦的時候無須忍耐，放聲哭泣就好了。」雖然她是一隻既膽小、任性又傲嬌的狗狗，但總是為家人著想。即使變成了老狗狗，我也能感覺到，她一直守護著我。

抱著年紀愈來愈大、身體愈來愈虛弱的狗狗，心情感到痛苦時，我意識到只要忠於自己的情緒就好了，感謝我的狗狗用這幾年教會我這件事。我突然發現，狗狗已經十七歲十個月大了。

我不是
那麼
堅強的人，
有時候
也會處在
崩潰邊緣。

不過，
狗狗總是馬上
發現異常。

然後
走近我，
好像
在對我說
「摸摸我的頭」。

撫摸著不停顫抖的
狗狗，眼淚不知何
時流了下來，

回過神來，
我已經
開始放聲大哭。

於是狗狗
彷彿放心了似的
後退了一點，
一直看著
哭泣的我。

啊！
回神
即使活到了十七歲，
變成身體動彈不得
的老狗狗，
還好嗎？
我很好喔—♡
她還是很為
家人著想。

天降猴子

拉拉姊姊總是關心著我們的散步情況

我們家雖然在山上，但是附近有一條河堤邊的路，是狗狗們散步的好去處。我家狗狗有幾個一起散步的伙伴，而隨著年紀增長，周圍狗狗的反應也有所變化，就連那些原先不太交流的狗狗也會慢慢靠近，大家都目不轉睛地盯著我家狗狗，想嗅嗅她的氣味。我家狗狗在以前健康時並不喜歡這樣的互動，但現在卻能笑咪咪地不做反應，一副枝微末節的小事都無所謂的表情。

附近一家餐廳養的拉拉姊姊，是一隻體型龐大、力大無窮的拉布拉多米克斯。自從我家狗狗不能走路之後，她總是關心著我們的散步情況。在散步中遇到時，她會用鼻尖溫柔地跟我懷裡的狗狗打招呼，在分別之後，還會時不時回頭看

散步途中遇見時，
總是會跟我們打招呼的
拉布拉多姊姊。
抱著17歲的
狗狗散步

她每次都
溫柔地跟我們
打招呼。

道別之後，
還會時不時回頭看我們。
堅強又溫柔的
拉拉姊姊。

我們。

有一次，我像往常一樣抱著狗狗走在河堤邊，突然發生了猴子「失足摔落」的情況。猴子在我們眼前從天而降！而且，有兩隻猴子接著跳下樹，掩護摔落的猴子，他們看起來十分憤怒。

因為路線是山路，所以在散步時遇到猴子並不稀奇，但猴子像這樣掉下來還是第一次，這已經算是山裡的交通事故了。總之，為了不與他們目光接觸，我默默地轉過身並慢慢地前進，但憤怒的兩隻猴子卻一邊威嚇一邊追了上來。被猴子追了兩百公尺左右，我下定決心要保護懷裡對任何事都沒有反應的狗狗（不知道她是不在意還是沒有注意到），即使遍體鱗傷也要保護她。就在我暗自下定決心的時候，我聽見遠處有一隻狗狗大聲吠叫，原來是拉拉姊姊。

幫我們趕走猴子，既堅強又溫柔的拉拉姊姊，現正募集男友中。

平常散步的時候
十七歲狗狗走不動，所以抱著
沙沙
……
……

沙沙
沙沙
怒瞪
嗚啊啊啊啊啊啊啊
怒瞪
不要對到眼…
往民宅的方向走…
沙沙
沙沙

嗚汪汪!!
汪汪汪
吱吱
住附近的狗狗救了我們……
散步好伙伴拉拉姊姊剛好在室外午睡。
正確來說應該是拉拉米克斯
沒事吧?
謝謝
堅強又溫柔的拉拉姊姊，現正募集男友中。

笑容

「啊，好幸福的表情啊……」

狗狗的食量變小了，無法靠自己的力量進食，只能勉強嚥下爸爸用針筒送到她嘴邊的食物，水也是用滴管來餵食。她的身體幾乎使不上力，抱著她時，她無力的身體似乎就要從我的懷裡滑落。

看著她骨瘦如柴、筋疲力竭的樣子，我每天都很難過。

散步時，我會抱著她慢慢地走，因為長時間散步會讓狗狗疲累，所以我們每天都只在家附近走一走。抱著一隻可憐又虛弱的狗狗走在路上，他人看來或許會覺得有點奇怪，也可能會心想「好可憐」，但是，不管別人怎麼想，無論是以什麼形式，對我們來說，散步都是最美好的時光。

有一天，我像往常一樣抱著狗狗散步，散步好伙伴叫住了我們。對方手裡牽著一隻美麗的黑色拉布拉多犬，明明兩年前還是小狗，現在體型已經是我家狗狗的三倍大了。因為他們出門散步的時間與我們家狗狗一樣，所以以前幾乎每天都會見面。我想，黑色拉拉和他的主人應該都很清楚，我家狗狗最近愈來愈虛弱，所以我們也不再去距離較遠的地方散步了，而這一天卻久違地見到了面。

「還好嗎?」打了招呼的飼主看了看我的臂彎，驚嘆：

「啊，好幸福的表情啊……」

他看著狗狗的臉這麼說著，這是我聽過最令人開心的稱讚了。原來狗狗很幸福啊！幸福得從臉上都能看出來。太好了！我決定自己也要繼續保持笑容！如果一直沉浸在悲傷的情緒中，我相信狗狗一定馬上就會發覺，所以，我要想辦法保持笑容。

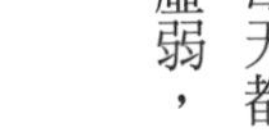

因為狗狗
無法自己喝水了，
所以我們
會用滴管
餵狗狗喝水。
咻—
雖然照護
老狗狗很辛苦，
但
我們經常
一起笑著度過。

離別

走到平時散步的河堤邊，如往常般眺望著河川

那天下午有客人來訪，所以爸爸也在家。送走客人，緩了一口氣後，我看向時鐘，發現已經過了下午四點。

「我去散步了喔！」

通知爸爸之後，我轉身去接在籠子睡覺的狗狗。我將狗狗抱進懷裡後，發現她眨了眨眼。今天也好可愛呀！我一邊看著狗狗的臉，一邊用單邊手肘打開玄關的門。正要走出家門時，狗狗好像要說什麼似地動了動嘴巴，並且微微地發出了聲音。

「啊嗚……」

雖然感到有一點不尋常，但我還是笑了笑，對她說：

「怎——麼了？」

狗狗安心似地眨了眨眼。

走到平時散步的河堤邊，如往常般眺望著河川。正值夏天，山上的天氣非常宜人，微風徐徐地吹過，樹木搖曳著綠意盎然的新芽，風聲悠悠，我和狗狗十分愜意。

當我看向狗狗的臉，說著：「好舒服啊！」她也開心地看著我。

而狗狗就這樣，一動也不動了。

狗狗離開了。

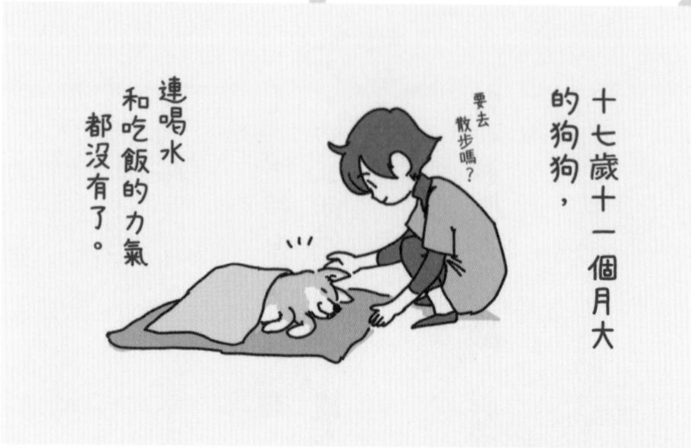
十七歲十一個月大
的狗狗，
要去散步嗎？
連喝水
和吃飯的力氣
都沒有了。

在一如往常的時刻

一如往常的河堤邊

狗狗在我的懷裡
一動也不動了。

狗狗離開了。

趁著狗狗的身體還有餘溫時

當時，狗狗真的笑得很開心

狗狗的心跳停止了。儘管如此，我的手臂和身體卻顫抖得彷彿能傳出心跳聲。我抱著一動也不動的狗狗，起步往回家的方向前進。不可思議的是，我的雙腳是在無意識中左右交替移動著。

因為比平常更早回到家，擔心我們的爸爸前來玄關前迎接。他一看到狗狗的臉，立刻察覺原因，並微笑著說：

「太好了，真是太好了……」

語畢，我的聲音和眼淚再也止不住，在玄關放聲大哭。

我們家住在山裡。我一遍又一遍呼喚著狗狗，哭喊聲被隨風搖曳的樹林一次又一次地淹沒。無論怎麼叫、怎麼哭，一切都被颯颯作響的山風帶走了。而我懷裡的狗狗，似乎正以平靜的表情目送這一切。總覺得她在對我說「無論怎麼哭都沒關係」。當時的我，只想把無法停止的、滿溢的悲傷，毫無保留地宣洩出來。

山風還是「颯颯」地吹拂著。一切都沒有改變。

而我想起了狗狗教會我的事。痛苦的時候無須忍耐，大聲哭泣就好了，因此，當時的我決定隨心所欲地放聲大哭。明明年紀一大把了，但那些都已經不重要，我哭了好久、好久。

我說了一次又一次：「騙人！」、「不要！」、「不要走！」

我將所有想說的話，毫不保留，一遍又一遍地喊出來。

我坐在玄關的門廊上，不知道哭了多久。直到泣不成聲時，我才意識到，懷中狗狗的體溫正在一點一點地消失，此時我突然想起爸爸還坐在旁邊。

「趁著狗狗身體還有餘溫時，抱一抱她吧！」

我把狗狗交給爸爸。爸爸什麼也沒說，慢慢地、輕輕地抱起了狗狗。狗狗看起來真的笑得很開心。

後來我才知道，原來爸爸希望狗狗能在家人的懷中離開，就像前一隻狗狗在奶奶的懷裡離世一樣。但是，我並不覺得自己是幸運地趕上狗狗生命的最後時刻。該怎麼說呢？我總覺得，狗狗其實非常擔心我，所以在我去抱她散步之前，把所剩無幾的時間都為我珍藏下來了。

狗狗啟程前往另一個世界了。

狗狗一直陪伴著我，直到生命的最後一刻。

一路好走

十一點的天空，奇蹟似地放晴了

那一天到第二天的記憶，總有些模糊不清。因為不用再將狗狗放進籠子裡的關係，我們在客廳的電視機前放了一張床，讓狗狗睡在那裡。我一直撫摸著她，彷彿要為狗狗僅存的一點體溫送行一般。我跟爸爸說：「眼淚根本停不下來啊！」我們淚流滿面地相視而笑。電視的聲音和往常一樣鬧哄哄的，房間開著燈所以很明亮，一切都恍如隔世。

爸爸打電話告知住在鄰鎮的奶奶，我則是打給在遠方城市上學的女兒。現在回想起來，真佩服當時情緒處在崩潰邊緣的自己居然還能講電話。我看著狗狗幸福的臉，握住她的手，撥出了電話。女兒似乎已經做好心理準備，雖然她也哭了，但卻很平靜。對她而言，狗狗陪在身邊是一件很自然的事情，而她說，今後

也會是如此的。

我為無法馬上趕回來的女兒，拍了一張狗狗當時的照片傳給她。而在那之後，我沒有給任何人看過那一張照片，它現在也保存在我的手機裡，而且今後也會一直在那裡。

隔天，看到新聞播報大雨預報，我才回過神來。狗狗最討厭大雨了，好幾次都被豪雨的聲音嚇得恐慌不已。我覺得狗狗在雨中有可能迷路，所以必須要在下雨之前跟狗狗告別，於是我慌忙地行動起來。

「今天的預約滿了，可能要等到明天……」

我至今仍鮮明地記得火葬場客服人員的聲音。我的腦袋停止運轉了，抓著電話無言以對。可是明天會下雨……

在一陣沉默以後……

「啊！今天上午十一點有空位，時間有點趕，你們來得及嗎？」

「來得及！拜託了！」

我馬上開始準備。怎麼辦，該為狗狗準備什麼呢？沾有爸爸味道的毛巾、我的毛毯、女兒的圍巾，還有……

開車下山三十分鐘就到火葬場了，前一隻狗狗也是在這裡火化的。為此請假的爸爸和鄰鎮的奶奶也一起來了。

雖然寵物的火葬儀式不同於人類的正式儀式，但我們還是分配到一個小小的房間，可以和狗狗進行最後的告別。

我從社交媒體上看到，很多飼主在告別時會對寵物說「下次再見」。但是，當時我慌慌張張地出了門，根本沒有心力思考最後一刻該說什麼。到了關鍵時

刻，我更是發覺自己說不出話來。我、爸爸和奶奶輪流撫摸狗狗後，便向工作人員鞠躬說：「拜託您了。」然後從狗狗身邊退開一步、兩步。

當工作人員細心整理狗狗的棺材時，我才回過神來，像是拋開一切思緒一般，再次將臉湊到狗狗身邊。我摸了摸狗狗的臉頰，發現狗狗已經變成了一具空殼。儘管如此，我依然感覺得到自己和狗狗的心有一條線相連著。

「謝謝你，一路好走！」

我對狗狗說出這句話，並確認了一下藏在狗狗白色前腳下方的信封。我在信封裡面放了一張狗狗年輕時拍的全家福，如果狗狗迷路的話，只要給神明看這張照片，就能馬上找到家人了。

十一點的天空，奇蹟似地放晴了。

我想，狗狗已經躲過大雨，順利地度過了彩虹橋。

謝謝你，一路好走。

狗狗溫暖的體溫傳到腳上

ALBUM

手收好可愛

在楓葉中
搖曳的白尾巴

努力支撐
自己身體的背影

為什麼要坐在
主人的腳上休息？

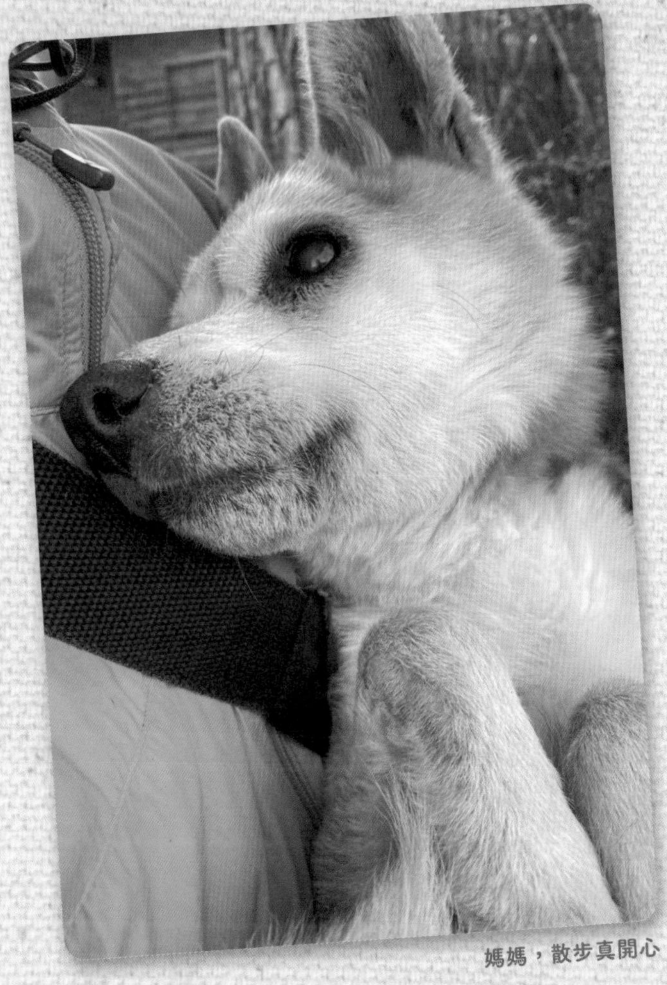

媽媽，散步真開心

ALBUM

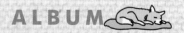

看起來好好吃的狗狗捲餅

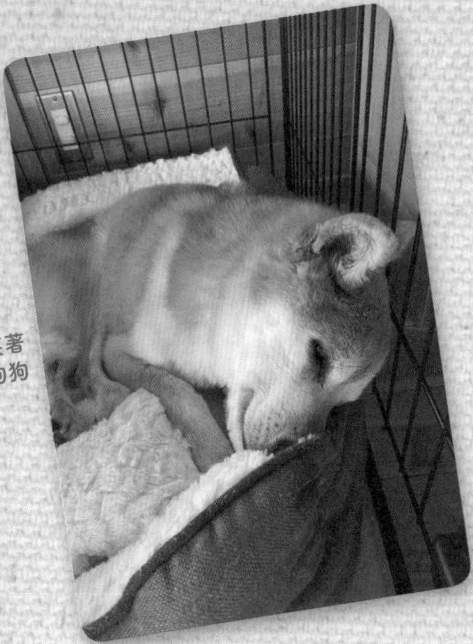

微笑著
睡著的狗狗

一起去散步！

被盯著看
就會移開視線的
傲嬌狗狗

媽媽很喜歡
抱抱呢～

與森林很相襯的 17 歲狗狗

ALBUM

後記

自從狗狗離世之後，我每天以淚洗面，經常哭得稀里嘩啦的。

追溯推特上的日期，可以發現我隔了很長一段時間，才向大家報告狗狗離開的消息。對我來說，這麼做彷彿會讓我和狗狗失去某種連結，所以我一直無法著手進行。

在狗狗離開後，我畫的第一幅畫是《為家人著想》，畫中描寫狗狗教導我的事情：「痛苦的時候無須忍耐，放聲哭泣就好了」，推特上的圖片，還停留在狗狗被我抱在懷中，開心地笑著。為了鼓起勇氣和狗狗道別，我想我還需要一點時間。

其實在這段期間，我曾在推特上收到許多採訪邀約。但是，我沒有做出任何回應，甚至還繼續發布狗狗還活著一般的貼文，我是個騙子……

在狗狗離世的幾天後，我和爸爸走在沒有狗狗陪伴的散步道上。

「狗狗現在在做什麼呀？」

「一定是『嗚哇！』地奔跑著吧！」

我似乎能感覺到，狗狗「嗚哇」地大叫著跑遠，又「嗚哇」地大叫著跑回來，在我的腳邊笑著。雖然失去狗狗很悲傷，但在不久後，我發現自己其實鬆了一口氣，或許是從照護的疲勞中解脫的關係。總覺得狗狗終於可以從沉重的身體解脫了，遠離一個什麼都看不見、什麼都聽不見的安靜世界，重獲自由。

我們從散步道上，看到了巨大的彩虹。其實，在山裡看到彩虹可是一件很稀奇的事情。是狗狗在鼓勵我們嗎？不，我們家狗狗既膽小、任性又傲嬌，她現在應該在彩虹橋上無拘無束地奔跑著，不停地搖著尾巴吧？可以自由自在地前往任何地方了吧？

一個月後，我在推特上發布了狗狗離開的消息。雖然已經再也看不到狗狗了，但我相信她就在我們身邊。我也下定決心，發布了一則「今天開始要打起精神」的貼文。

在那之後，終於回覆了採訪的邀約，也告知了狗狗已經離世的消息。而其中，有一個人詢問我：「你願意把這些故事寫成一本書嗎？」

雖然起初我對這個邀約感到很困惑，但是在跟家人討論之後，他們說：「這不就是狗狗叫你多畫一點她的訊息嗎？相信狗狗也會很高興的！」

是這樣嗎？我問道。已經離去的狗狗，在我的腳邊露出微笑。她把前腳放在我的膝蓋上，笑了笑之後，馬上「咻」地一溜煙地跑開，並且從遠方回過頭來，對著我笑。

狗狗就像從前一樣，年輕又有活力，一切依舊如初。

最愛的狗狗離開一個月後。
雖然過了好久，但還是覺得好寂寞…
寂寞感會一直持續下去喔。
所以…
所以，
沒關係的。

Graphic Times 66

狗狗 17 歲

歡迎加入＃祕密結社老犬俱樂部

作　　者　SAETAKA
譯　　者　陳聖傑

野人文化股份有限公司
社　　長　張瑩瑩
總 編 輯　蔡麗真
主　　編　徐子涵
責任編輯　余文馨
校　　對　魏秋綢
行銷經理　林麗紅
行銷企畫　李映柔
封面設計　周家瑤
美術設計　洪素貞

出　　版　野人文化股份有限公司
發　　行　遠足文化事業股份有限公司（讀書共和國出版集團）
地址：231 新北市新店區民權路 108-2 號 9 樓
電話：（02）2218-1417　傳真：（02）8667-1065
電子信箱：service@bookrep.com.tw
網址：www.bookrep.com.tw
郵撥帳號：19504465 遠足文化事業股份有限公司
客服專線：0800-221-029
法律顧問　華洋法律事務所　蘇文生律師
印　　製　凱林彩印股份有限公司
初版首刷　2024 年 05 月

ISBN　978-626-742-868-9

國家圖書館出版品預行編目（CIP）資料

狗狗 17 歲：歡迎加入＃祕密結社老犬俱樂部 / Saetaka 作 ; 陳聖傑譯 . -- 初版 . -- 新北市 : 野人文化股份有限公司出版 : 遠足文化事業股份有限公司發行 , 2024.05
面；　公分 . -- (Graphic times ; 66)
ISBN 978-626-7428-68-9(平裝)

1.CST: 狗 2.CST: 寵物飼養

437.354　　113006080

野人文化
官方網頁

野人文化
讀者回函

狗狗 17 歲

線上讀者回函專用 QR CODE，你的寶貴意見，將是我們進步的最大動力。